JN320087

マイ ファースト サイエンス

理科年表シリーズ
CHRONOLOGICAL
SCIENTIFIC
TABLES

よくわかる
身のまわりの
現象
物質
の不思議

国立天文台 編

丸善出版

序

　『マイ ファースト サイエンス』シリーズ第3弾をお届けします。
　本シリーズは、国立天文台が編さんするサイエンスデータブック『理科年表』の姉妹版であり、未来の科学者たちに向けた新しいサイエンス読み物です。サイエンスのデータに親しみ、関連性をみずから読み解く力を養ってほしい、というメッセージをこめて編集しました。全ページを通じて、解説を補うための図や写真、イラストを満載し、さらに、キャラクターたちが登場して私たちの理解を助けてくれます。また、わかりやすく親しみやすいレイアウトを心がけました。
　第1弾「よくわかる宇宙と地球のすがた」では、大きな視点から宇宙、惑星、そして地球科学の魅力を伝えました。
　第2弾「よくわかる気象・環境と生物のしくみ」では、もう少し身近な地球環境と、地球にすむ生物について解説しました。
　本書「よくわかる身のまわりの現象・物質の不思議」では、身のまわりで起こる自然現象や自然界の法則、「モノ」はどのように存在するのかなどについて考えてみます。モノの「重さ」はどうやってはかるのか？ 光や音の正体は？ 物質のもとになっているものはなに？ 学校にある薬品の性質は？ などについてやさしく解説します。身近な物事のしくみや性質を知ると、日常の世界がいっそう面白く、また違って見えてくることでしょう。
　本書を通じて、一人でも多くの方がサイエンスの魅力を再発見し、さらには『理科年表』にも手を伸ばしていただけたら幸いです。

　2011年1月

　　　　　　　　　　国立天文台　台長　観 山 正 見

監修者一覧

◎印は、第3巻「よくわかる身のまわりの現象・物質の不思議」の監修および執筆者を示す。

	縣　　秀彦	国立天文台天文情報センター
	浅賀　宏昭	明治大学大学院教養デザイン研究科
	片山　真人	国立天文台天文情報センター
	杵島　正洋	慶應義塾高等学校
◎	左巻　健男	法政大学生命科学部環境応用化学科
	相馬　　充	国立天文台光赤外研究部
◎	滝川　洋二	東海大学教育開発研究所
	田代　大輔	NPO法人気象キャスターネットワーク
	半田　利弘	鹿児島大学理学部物理科学科
◎	兵頭　俊夫	高エネルギー加速器研究機構 物質構造科学研究所
	保坂　直紀	読売新聞東京本社科学部
	松本　直記	慶應義塾高等学校
	渡辺　政隆	独立行政法人科学技術振興機構

＜第3巻執筆者＞

伊藤　憲人	名城大学附属高等学校
吉村　利明	東京都立富士森高等学校

（五十音順・2011年1月現在）

目　次

1. pH（ピーエイチ） ・・・・・・・・・ 2
2. 危険な気体 ・・・・・・・・・ 10
3. 元素周期表（げんそしゅうきひょう） ・・・・・・・・・ 14
4. 融点・沸点（ゆうてん・ふってん） ・・・・・・・・・ 20
5. 密度（みつど） ・・・・・・・・・ 26
6. 溶解度（ようかいど） ・・・・・・・・・ 30
7. プラスチック ・・・・・・・・・ 34
8. 理科室にあるおもな薬品の性質 ・・・・・・ 40
9. 水の性質 ・・・・・・・・・ 46
10. おもな化学反応 ・・・・・・・・・ 50
11. 原子の構造とイオン ・・・・・・・・・ 56
12. 電池 ・・・・・・・・・ 62
13. 長さ ・・・・・・・・・ 72
14. 質量（しつりょう） ・・・・・・・・・ 80
15. 速さ ・・・・・・・・・ 84
16. 滑車・輪軸・てこ（かっしゃ・りんじく） ・・・・・・・・・ 88

17	力 ・・・・・・・・・・・・・・・	94
18	力とエネルギー ・・・・・・・・・	102
19	熱と温度 ・・・・・・・・・・・・	108
20	熱現象 ・・・・・・・・・・・・・	114
21	音 ・・・・・・・・・・・・・・・	120
22	電　気 ・・・・・・・・・・・・・	126
23	電気回路 ・・・・・・・・・・・・	134
24	磁　気（じき） ・・・・・・・・・・・・・	140
25	電磁波（でんじは） ・・・・・・・・・・・・	146
26	光 ・・・・・・・・・・・・・・・	150
27	放射線（ほうしゃせん） ・・・・・・・・・・・・	158

よくわかる身のまわりの現象・物質の不思議

1 pH
─ 酸性やアルカリ性の程度を示すものさしは？ ─

レモンをなめるとすっぱい味がします。すっぱい味がする液体は酸性を示します。アルカリ性を示す液体のほうは、味はいろいろです。味だけでははっきりとわからない酸性・アルカリ性のものさしがpHです。

■ 酸性とアルカリ性

食酢やレモンなどは、すっぱい味がします。すっぱい味がするものには共通して酸という物質がふくまれています。酸には、塩酸、硫酸、酢酸、クエン酸などがあります。食酢には酢酸、レモンにはクエン酸がふくまれています。

これらの酸の水溶液には、すっぱい味（酸味）があり、亜鉛、鉄などの金属をとかし、青色リトマス紙を赤色に変えるなどの共通の性質があります。このような酸の共通な性質を酸性といいます。

一方、水酸化ナトリウム水溶液、アンモニア水は、酸性を打ち消したり、赤色リトマス紙を青色に変えるなどの共通の性質があります。このような性質をアルカリ性といいます。ふくまれている水酸化ナトリウムやアンモニアは、アルカリという物質です。また、アルカリ性の水溶液として知られるアンモニア水や水酸化ナトリウム水溶液、そして石けん水はヌルヌルして、なめると少し苦い味がします。これらもそれぞれアルカリ性の度合いが異なります。

■ pHは酸性やアルカリ性の程度を示すものさし

酸性・アルカリ性の程度を示すものさしとして、pH（ピーエイチ、ドイツ式にペーハーともいう）が用いられます（表1）。水溶液は、pHが7のときが中性（pH＝7）で、7よりも小さいときは酸性（pH＜7）、7よりも大きいときはアルカリ性（pH＞7）です（図1）。pHは7より小さくなるにつれて酸性、7より大きくなるにつれてアルカリ性が

強くなります。純粋な水はpHがほぼ7で中性といいます。また、環境問題の1つとして注目される酸性雨とは、pHが5.6以下の雨のことを指します（→『マイ ファースト サイエンス よくわかる気象・環境と生物のしくみ』75ページ参照）。

表1 いろいろなもののpH

青インク	0.8〜1.5	水道水基準値	5.8〜8.6
玉川温泉（秋田）	1.2	水道水	7.0付近
東温泉（鹿児島）	1.2	厚生省おいしい水の要件	6.0〜7.5
蔵王温泉	1.5	コーヒー	5.0〜6.5
胃液	1.5〜2.0	牛乳	6.2付近
草津温泉湯畑（群馬県）	2.2	尿	4.8〜8.0
レモン	2.5付近	汗	7.0〜8.0
コーラ	2.6	涙	7.2
りんご	3.0付近	唾液	5.0〜7.5
蒸留水にドライアイスを入れて放置	3.5程度	血液	7.4
スポーツ飲料	3.0〜4.0	井戸水	7.0〜8.0
乳酸飲料	3.7	海水	8.0〜8.5
日本の土壌	4.2〜5.5	セメント	9.8付近
ビール	4.5付近	石けん液	7.0〜10
食べごろのキムチ	4.8〜5.0	生津温泉（長野）	11
日本茶	4.5〜6.0	都幾川温泉（埼玉）	11
皮膚	4.5〜6.0	白馬八方温泉（長野）	11
アスパラガス	5.5付近	炭酸ナトリウム水溶液（3%）	11
母乳	6.6〜6.9		

（値はおもに、http://www.horiba.com/jp/application/material-property-characterization/water-analysis/water-quality-electrochemistry-instrumentation/ph-knowhow/the-story-of-ph/facts-about-ph-values/ より）

レモン　　　　　　　　　　　　　　　　　　　　　　　　　水酸化ナトリウム水溶液

酸性	中性	アルカリ性
0	pH 7	14

- すっぱい
- 青色リトマス紙を赤く変える
- 亜鉛、アルミニウム、鉄などの金属と反応して水素を発生

- 指につけてこするとヌルヌルする（タンパク質をとかす）
- 赤色リトマス紙を青く変える
- 二酸化炭素をよく吸収する

図1　pH

酸性・アルカリ性の正体！？

1883年、アレニウスは、酸を次のように定義しました。
「酸とは、水にとけて水素イオンを出す物質である」

たとえば塩酸、硫酸は次のように電離して水素イオン（→60ページ参照）を出します。電離とは、陽イオンと陰イオンにばらばらになることです。

酸性は、水素イオンが原因です。

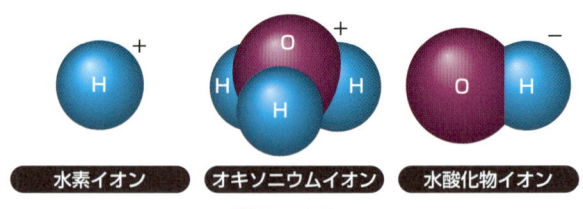

HCl → H$^+$ + Cl$^-$
塩化水素　　水素イオン　塩化物イオン

H$_2$SO$_4$ → 2H$^+$ + SO$_4^{2-}$
硫酸　　　　水素イオン　硫酸イオン

なお、実際には水中で水素イオンが単独で存在しているのではなく、水分子と結びついてオキソニウムイオン（H$_3$O$^+$）として存在しています。ただし、ふつう、それを簡単に水素イオン（H$^+$）としてあつかっています（図2）。

図2　イオン

アレニウスは、アルカリを次のように定義しました。
「アルカリとは、水にとけて水酸化物イオンを出す物質である」（図2）

水酸化ナトリウムや水酸化カルシウムは、水にとけると次のように電離して水酸化物イオンを出すのでアルカリです。

NaOH → Na$^+$ + OH$^-$
水酸化ナトリウム　ナトリウムイオン　水酸化物イオン

Ca(OH)$_2$ → Ca^{2+} + 2OH$^-$
水酸化カルシウム　カルシウムイオン　水酸化物イオン

アンモニア（NH$_3$）は、水酸化物イオンをもっていませんが、水と

反応して、次のように水酸化物イオンを生じるのでアルカリです。

$$NH_3 + H_2O \longrightarrow NH_4^+ + OH^-$$
アンモニア　水　　　　　アンモニウムイオン　水酸化物イオン

◼ 酸性の水溶液には水素イオンが多く、アルカリ性の水溶液には水酸化物イオンが多い

　純粋な水や中性の水溶液では、水はほとんど分子（H_2O）の形で存在していますが、わずかに水素イオンと水酸化物イオンが存在しており、その数が等しくつり合っています。しかし、酸性の水溶液では水素イオンが多く存在しており、水酸化物イオンが少ない状態です。一方、アルカリ性の水溶液では水酸化物イオンが多く、水素イオンが少ない状態です。このように中性の場合をのぞいては、どちらかのイオンが多く、バランスがかたよっているわけです。

◼ pHが1大きくなると同体積中の水素イオン数が10分の1に、1小さくなると10倍に

　pHの値は、溶液1L（リットル）中に水素イオンがどのくらいあるかから求めています（→6ページ「pHの定義」参照）。中性のときがpH7ですが、pHが小さいほど溶液1L中に水素イオンが多く、pHが大きいほど溶液1L中に水素イオンが少なくなります。

　pHが1大きくなると同体積中の水素イオン数が10分の1に、1小さくなると10倍になります。

　たとえば、pH3は、中性のpH7より4小さいので、1小さくなるたびに水素イオンは10倍になり、10×10×10×10倍、つまり1万倍水素イオンの数が多いのです。3ページの表1から胃液はpH1.5〜2.0ですから、2.0だとしても10万倍水素イオンが多いことになります。

水素イオン濃度［H$^+$］から決める pH

pH は、水素イオン濃度［H$^+$］から値を求めます。

水素イオン濃度の単位は mol/L（モル毎リットル）です。溶液 1 L 中に物質量が何 mol ふくまれているかというものです。物質量（単位 mol）とはどのような量でしょうか。原子や分子は 1 個 1 個ではあまりにも小さすぎて、実感できる量ではありません。そこで、6×10^{23} 個というものすごく多い数集めて 1 mol とします。これだけの数の原子や分子を集めると、いちばん小さくて軽い水素原子でも 1 g になります。

つまり、1 mol とは、6×10^{23} 個という原子、分子、あるいはイオンなどの集団を表す量です。鉛筆を 12 本まとめて 1 ダースといいますが、6×10^{23} 個まとめて 1 mol というのです。

中性の水では、水素イオン濃度［H$^+$］は、10^{-7} mol/L になります。10^{-7} mol/L は、水 1 L 中に水素イオンが 10^{-7} mol、つまり $10^{-7} \times 6 \times 10^{23}$ 個ふくんでいることを表しています。

さて、pH ですが、水素イオン濃度を、10 の指数の符号を逆にした数で表したものです。

［H$^+$］$= 10^{-x}$ mol/L

この x の値を pH（水素イオン指数）というのです。たとえば、次のようになります。

［H$^+$］$= 10^{-12}$ mol/L のとき、pH $= 12$

［H$^+$］$= 10^{-3}$ mol/L のとき、pH $= 3$

［H$^+$］$= 10^{-2}$ mol/L のとき、pH $= 2$

---

pH の定義

［H$^+$］$= 10^{-x}$ mol/L で、$x =$ pH ですので、
［H$^+$］$= 10^{-\mathrm{pH}}$
となります。
この式の両辺の常用対数をとると、
pH $= -\log$［H$^+$］
になります。
この式を使うと、pH が 4.5 などのように整数ではない場合も pH を求めることができます。

実際に pH をはかる

水溶液の pH の値は、pH メーターによって測定されます（図3）。また、pH のおよその値は、指示薬の色の変化や pH 試験紙によっても知ることができます（図5、図6参照）。

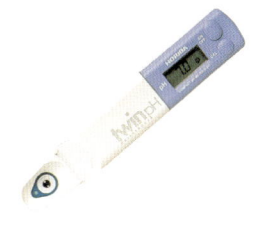

図3　pH メーター
（提供：株式会社堀場製作所）

指示薬と変色域

酸性・アルカリ性の判別によく用いられるリトマス試験紙は、本来は天然に存在するリトマスゴケから抽出される紫色の色素をろ紙にしみこませたものです（図4）。ほかにもブロモチモールブルー（BTB）やメチルオレンジ（MO）、フェノールフタレイン（PP）など、pH によって色が変化する物質が数多く存在し、これらは指示薬とよばれます。

図4　リトマスゴケ
（提供：国立科学博物館）

指示薬は、それぞれ水溶液の色が変化する pH の範囲が特有であり、色が変化する pH の範囲を変色域といいます（図5）。

指示薬を用いる方法は、pH メーターによる測定にくらべるとあいまいですが、おおよその pH を知るために用いられます。あらかじめ種々の pH に対応する標準色をつくっておき、この色と pH を知りたい水溶

品名	pH 測定範囲　酸性 ← 中性 → アルカリ性
ブロモチモールブルー（BTB）	6.2〜7.8 で変色
メチルオレンジ（MO）	3.1〜4.4 で変色
フェノールフタレイン（PP）	8.3〜10 で変色
万能試験紙（WR）	

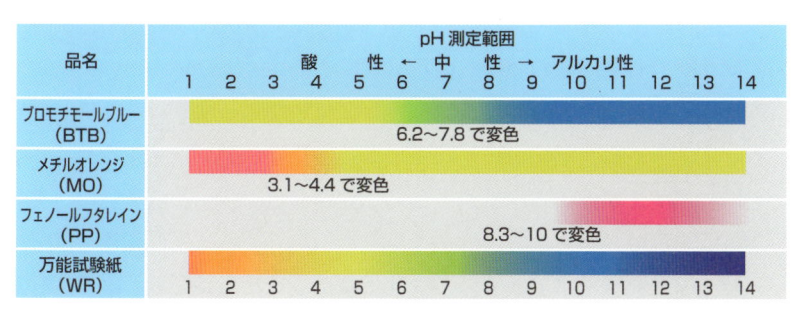

図5　代表的な指示薬の変色域

液の指示薬の色とをくらべる方法、あるいは、紙に指示薬をしみこませたpH試験紙をつくっておいて、この紙を水溶液にひたして、発色を標準色とくらべる方法があります（図6）。

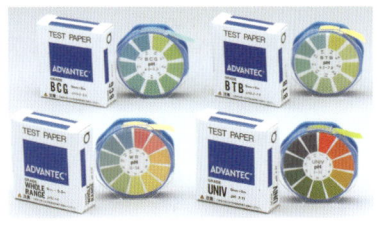

図6 pH試験紙
（提供：アドバンテック東洋株式会社）

天然の指示薬

　紅茶を飲むときにレモンを入れると色が少しうすくなることを知っていますか？　レモンはとてもすっぱく酸性で、pHはおよそ2です。レモンにはクエン酸という酸が重量の6〜7％ふくまれています。したがって、紅茶にふくまれる色素はクエン酸の酸性によって変色する指示薬といえます。

　また、ムラサキキャベツ（赤キャベツ）のしぼり汁がpHによって色が変わることはよく知られています。あの紫色の色素はアントシアニンとよばれ、黒豆やムラサキイモ、ブルーベリーやブドウなどにもふくまれる色素です。アントシアニンは植物に広く存在する色素であり青色色素の総称です。ラテン語で、「アント」は「花」、「シアニン」は「青色」を意味します。この色素は酸性からアルカリ性になるにしたがって、赤色・紫色・青色へと変化します。

　アジサイ（紫陽花）の花の色が変化することを知っていますか？　この花の色素の主成分はアントシアニンです。アジサイは同じ株から咲いている花でも色が変わったり、花の咲きはじめから咲き終わりまでに色が変化したりします。これは、アジサイの生育する土壌のpHと関係があるのです。アジサイにふくまれる補助色素や土壌にふくまれるアルミニウムなどの量に影響を受け、酸性土壌では青色が強く、酸性が弱くなるにつれて赤味を帯びてきます。

　リトマス試験紙はリトマスゴケから抽出された色素を指示薬に用いた例でしたが、それ以外にもこのように天然の指示薬が存在するのです。

液性のちがいを知る変色実験
― ムラサキキャベツから色素を抽出 ―

ムラサキキャベツにふくまれる色素アントシアニンは、液性によって色が変わることが知られています。すなわち先に述べたのpHによって変色します。ここでは家庭でも簡単にできる変色実験を紹介します。

● **方 法**
1. ムラサキキャベツをざく切りにする。
2. ムラサキキャベツをポリ袋に入れて、塩を少々と少量の水を混ぜて手でよくもむ。
3. 水が紫色になってきたら、キャベツをしぼって液体をコップに移す。

● **実 験**
1. 清涼飲料水、水、お酢、果物の果汁、石けん水など、液性を調べたいものを透明容器（卵パックを切って小分けするなど）に入れる。
2. ムラサキキャベツの汁をスポイト（なければストローを用いる）で数滴加える。色がはっきりわかるように加える量を調整する。
3. 液体の種類によって色が変わるので、図7にならって並べてみると液性のちがいがわかる。

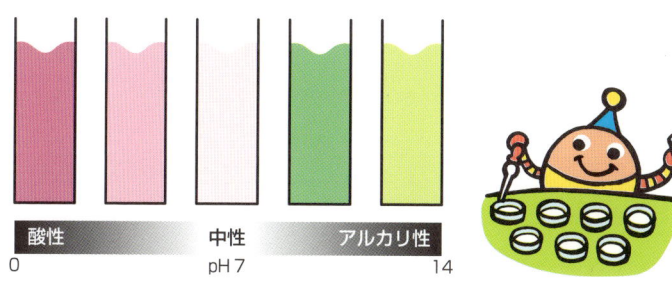

図7 ムラサキキャベツの色素の変化

2 危険な気体
― 見えない気体のひみつ？ ―

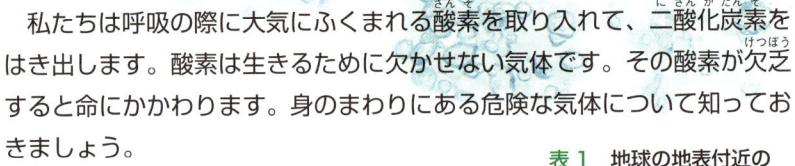

　私たちは呼吸の際に大気にふくまれる酸素を取り入れて、二酸化炭素をはき出します。酸素は生きるために欠かせない気体です。その酸素が欠乏すると命にかかわります。身のまわりにある危険な気体について知っておきましょう。

■ 地球の地表付近の大気組成

　地球の大気は、何種類かの気体が混ざってできている混合気体です。地球の地表付近の大気を空気といいます。

　水蒸気をのぞいた空気の組成は地表から高度80 km付近までほとんど変わらず、表1のようになります。

　水蒸気は、0.0～3.0％と季節や地域によっても変動が大きいので、空気の組成から抜いています。

　表1より、地球の大気は窒素と酸素で99％をしめており、残りの1％はアルゴンです。この3種類の気体以外は微量です。

表1　地球の地表付近の大気組成成分

要　素	容積比（％）
窒素	78.088
酸素	20.949
アルゴン	0.93
二酸化炭素*	0.04
一酸化炭素	1×10^{-5}
ネオン	1.8×10^{-3}
ヘリウム	5.24×10^{-4}
メタン	1.4×10^{-4}
クリプトン	1.14×10^{-4}
一酸化二炭素	5×10^{-5}
水素	5×10^{-5}
オゾン*	5×10^{-6}

＊季節的、地域的な変動がある。

■ 酸素濃度と酸素欠乏症

　酸素濃度が低下している状態の空気を吸入すると酸素欠乏症にかかります。酸素欠乏症にかかると、めまいや意識不明さらには呼吸停止、そして死にいたることもある大変危険なものです。

■ 呼気では酸素が減り二酸化炭素が増える

　呼吸ではいた息（呼気）では、窒素の割合は変化しませんが、酸素は15％台に、二酸化炭素は4％台になります。表2より酸素濃度の安全限界は18％なので、呼気では十分な呼吸ができないことになります。

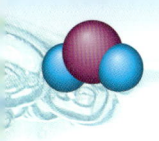

表2　酸素濃度と酸素欠乏症

21%	正常空気中酸素濃度
18%	安全限界
16%	呼吸・脈拍増加、頭痛・むかつき、はき気
12%	めまい、はき気、筋力低下
10%	顔面蒼白、意識不明、おう吐
8%	こん睡、8分で死亡
6%	呼吸停止、けいれん、死亡

酸欠は死をまねく

せまい密閉された空間へたくさんの人が入る、井戸の内部や酸素がなんらかの酸化（→51ページ参照）に使われて酸欠になっている場所に入る、などの酸欠事故は残念ながら後を絶ちません。

ガスコンロ、石油（ガス）ストーブやファンヒータなど、室内に排気する開放型の燃焼器具の場合、換気をしないと危険です。これは燃焼により酸素が使われるので、酸素不足による不完全燃焼が起こりやすくなるからです。酸素濃度が18％以下になると、急激に不完全燃焼による一酸化炭素濃度が上昇します。また、排気ガスには人体に有害な窒素酸化物もふくまれています。これらの器具を使うときには定期的な換気が必要です（表3）。

表3　1時間の使用に必要な空気

ガスコンロ（ガス消費量7.3kW）	7.6立方メートル（ドラム缶38本）
小型湯沸器（ガス消費量11kW）	11.4立方メートル（ドラム缶57本）
CF式ふろがま（ガス消費量12kW）	12.4立方メートル（ドラム缶62本）
大型給湯器16号（ガス消費量34.9kW）	36立方メートル（ドラム缶180本）

（数値は、http://home.osakagas.co.jp/guide/anshin/tyui/index.html より）

中毒を起こす気体

一酸化炭素の濃度が高い大気を吸入すると中毒が起こります。一酸化炭素は、血液中の赤血球にふくまれるヘモグロビンと結合しやすく、酸素とヘモグロビンの結びつきやすさとくらべるとおよそ250倍です。

表4 空気中の一酸化炭素濃度と吸入時間による中毒症状

濃度	症状
0.04%*	1～2時間で前頭痛やはき気、2.5～3.5時間で後頭痛
0.16%	20分間で頭痛・めまい・はき気がして、2時間で死亡
0.32%	5～10分で頭痛・めまい、30分間で死亡
1.28%	1～3分間で死亡

(数値は、http://www.lpgpro.jp/guest/pamphlet/pdf/9_2.pdf より)

* 0.04%って、どのくらい？
標準的な浴室（5立方メートル＝5000L）に、2Lのペットボトル1本分の一酸化炭素を混ぜたくらい。それだけでもはき気が起きるほど毒性の強い気体である。

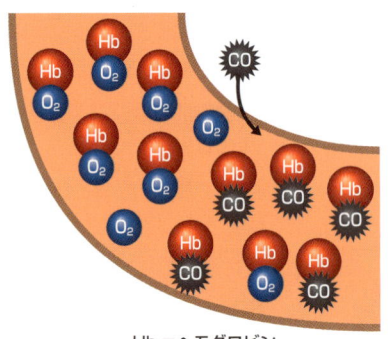

Hb ＝ヘモグロビン
O_2 ＝酸　素
CO＝一酸化炭素

このため、血液中の一酸化炭素が増えるほど、ヘモグロビンは酸素を運搬することができなくなってしまうので中毒が起こるのです（表4）。

危険な気体 ― まぜるな危険 ―

洗剤や洗浄剤の使用により、家庭で毎年起きる事故があります。厚生労働省によれば2009年度には172件の事例があり、中でも最も多いのは塩素系の製品による事例74件です。トイレや風呂の洗剤を2種類以上混ぜることで、人体に危険な有毒ガス（塩素ガス）が発生する場合があります。有毒ガスにより皮膚が侵されたり、体調が悪くなったり、最悪の場合には死にいたることがあります。

製品には必ず「まぜるな危険」と表示されています（図1）。

「塩素系」と「酸性タイプ」の洗剤を混ぜると塩素ガスが発生して危険ですから混ぜてはいけません。直接混ぜなくても、これらの洗剤を同時に使うと配水管に流れる際に混ざる場合もあるので、換気には十分注意する必要があります。異常を感じたり気分が悪くなったりした場合は、病院に行くことが重要です。

図1　まぜるな危険の表示

身近にある危険な気体

二酸化硫黄	別名亜硫酸ガスといわれ、硫黄を燃やすとできる気体。無色・刺激臭の気体。大気汚染の原因になっている。硫黄を酸素中で燃やすと青色の神秘的な炎をあげて燃える。そのときこの二酸化硫黄ができているのである。火山や温泉地帯で発生することが多い気体。
窒素酸化物（二酸化窒素など）	窒素は、ふつうほかの物質と反応しにくい性質をもっている。しかし、高温では酸素と結びついて一酸化窒素や二酸化窒素などの窒素酸化物をつくる。窒素酸化物は人間に有害で、わが国の大気汚染のいちばんの原因になっている。自動車の排気ガスなどにふくまれている。
硫化水素	無色・刺激臭の気体。かたゆで卵の臭いがする。火山や温泉地帯で発生することが多い。スキーヤーが発生場所に入りこんでしまい中毒になった事故がある。鉄と硫黄を混ぜて熱してできた物質にうすい塩酸を加えたときに発生する気体。

空気混合気体の爆発範囲

水素と空気の混合気体に点火すると爆発します。しかし、空気中の水素が4％に満たなければ、あるいは、75％を超えていれば爆発しません（図2）。可燃性の気体や有機溶媒が燃焼反応を起こす燃焼濃度の範囲を、爆発範囲（爆発限界あるいは燃焼限界）といいます。有機溶媒とは、ベンジン・ベンゼン・アルコール・エーテルなど、有機化合物の溶媒（→30ページ参照）を指します。

水素やアセチレンは、空気と混ぜて点火すればいつでも爆発するように思えるのは爆発範囲が広いからです（表5）。

有機溶媒蒸気は空気より重いので、床に近い空気中では爆発範囲になっていることが多いです。

図2 爆発範囲

表5 空気混合気体の爆発範囲
単位（容量百分率）

物質名	下限	上限
水素	4.0	75
一酸化炭素	13	74
プロパン	2.1	9.5
メタン	5.3	14
アセチレン	2.5	81
ベンジン	1.3	7.0
ベンゼン	1.4	7.1
エタノール	4.3	19
ジエチルエーテル	1.9	48
二硫化炭素	1.3	44
メタノール	7.3	36
トルエン	1.4	6.7

3 元素周期表

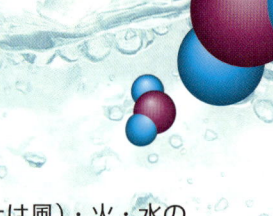

― 物質のもとはなんだろう？ ―

　古代ギリシアの哲学者たちは、万物は土・空気（または風）・火・水の4つからつくられると考えていました。しかし、科学が進んだ現在では間違いであることがわかっています。物質をつくっているもとになるものを元素「元の素」とよびます。

🔲 現在の元素周期表

　元素周期表の縦の列を族といい、左から順番に、1族、2族、…18族とよびます。横の行は周期といい、上から順に第1周期、第2周期、…とよびます。第1周期には水素（H）とヘリウム（He）の2個の元素があり、第2、第3周期には、それぞれ8個の元素があります。

　これらの元素の約8割は金属元素で、残りが非金属元素です。

図1　周

*参考：文部科学省のHP（http://www.mext.go.jp/a_menu/kagaku/

元素周期表

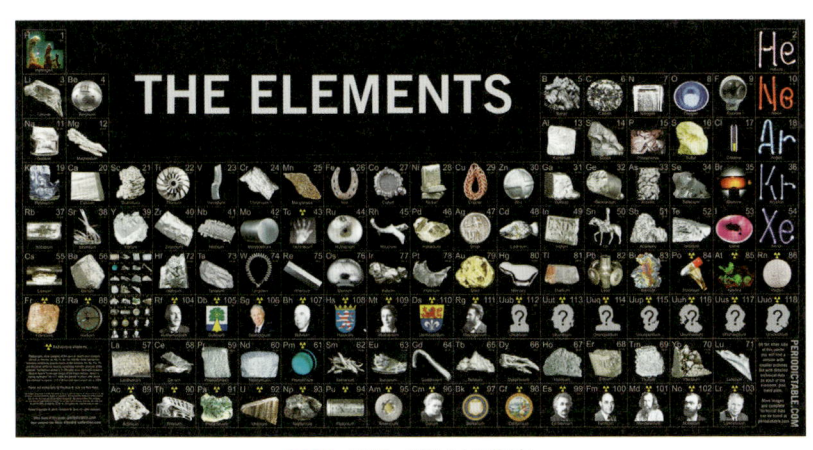

図2 世界一美しい周期表
(Theodore Gray "The Most Beautiful Periodic Table Products in the World")

10	11	12	13	14	15	16	17	18
								4 / 2 He ヘリウム
			11 / 5 B ホウ素	12 / 6 C 炭素	14 / 7 N 窒素	16 / 8 O 酸素	19 / 9 F フッ素	20 / 10 Ne ネオン
			27 / 13 Al アルミニウム	28 / 14 Si ケイ素	31 / 15 P リン	32 / 16 S 硫黄	35.5 / 17 Cl 塩素	40 / 18 Ar アルゴン
59 / 28 Ni ニッケル	64 / 29 Cu 銅	65 / 30 Zn 亜鉛	70 / 31 Ga ガリウム	73 / 32 Ge ゲルマニウム	75 / 33 As ヒ素	79 / 34 Se セレン	80 / 35 Br 臭素	84 / 36 Kr クリプトン
106 / 46 Pd パラジウム	108 / 47 Ag 銀	112 / 48 Cd カドミウム	115 / 49 In インジウム	119 / 50 Sn スズ	122 / 51 Sb アンチモン	128 / 52 Te テルル	127 / 53 I ヨウ素	131 / 54 Xe キセノン
195 / 78 Pt 白金	197 / 79 Au 金	201 / 80 Hg 水銀	204 / 81 Tl タリウム	207 / 82 Pb 鉛	209 / 83 Bi ビスマス	210 / 84 Po ポロニウム	210 / 85 At アスタチン	222 / 86 Rn ラドン
281 / 110 Ds ダームスタチウム	280 / 111 Rg レントゲニウム	285 / 112 Cn コペルニシウム	284 / 113 Uut ウンウントリウム	289 / 114 Uuq ウンウンクアジウム	288 / 115 Uup ウンウンペンチウム	293 / 116 Uuh ウンウンヘキシウム		294 / 118 Uuo ウンウンオクチウム
163 / 66 Dy ジスプロシウム	165 / 67 Ho ホルミウム	167 / 68 Er エルビウム	169 / 69 Tm ツリウム	173 / 70 Yb イッテルビウム	175 / 71 Lu ルテチウム			
252 / 98 Cf カリホルニウム	252 / 99 Es アインスタイニウム	257 / 100 Fm フェルミウム	258 / 101 Md メンデレビウム	259 / 102 No ノーベリウム	262 / 103 Lr ローレンシウム			

期　表
week/shuki.htm)にて、「一家に1枚周期表」をダウンロードすることができる。

15

周期表は誰がつくったの？

　今から約150年前（1869年）、ロシアの化学者であるメンデレーエフ（1834年生まれ、図3）は当時知られていた63種の元素のすべてを分類し、似た性質の元素が同じ縦の列にくるように並べて表をつくりました。メンデレーエフの表には、いくつかの空欄がありました。彼は、当時発見されていない元素に相当すると考え、それらの元素の性質を表の上下左右の元素の性質から予言しました。その後、別の化学者が空欄の元素を発見し、性質が予言と一致したことから化学者の注目を集めました。

図3　メンデレーエフの肖像画
（所蔵：トレチャコフ美術館）

元素と原子

　原子の基本的な構造はすべて同じで、中心に原子核とよばれる核があり、その周囲を電子が飛びまわっています（図4、56ページ参照）。原子核の中には、さらに小さな粒子である陽子と中性子が存在します。原子の中にふくまれる陽子・中性子・電子の数がそれぞれ種類ごとに異なるので、原子の大きさや質量が異なります。

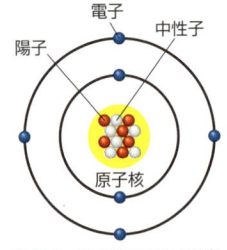

図4　炭素原子の構造

　原子核の陽子はプラスの電気をもっていて、電子はマイナスの電気をもっています。陽子1個がもっているプラスの電気と電子1個がもっているマイナスの電気は、ちょうど打ち消しあってプラスマイナス0、つまり電気的に中性になります。原子の中の陽子と電子の個数は同じですので、原子全体は電気的に中性です。

　原子の化学的な性質は陽子と電子の個数で決まりますので、化学的な性質が同じ原子の種類のことを元素といいます。つまり、同じ元素の原子の陽子と電子の個数は同じです。

　そのため陽子の個数を原子番号とし、原子番号で元素を区別します。原子番号の大きい元素ほど、陽子と中性子の個数も多いので質量が大きくなります。

　現在、元素は人工的につくられたものをふくめる原子番号117をのぞく118番まで存在することがわかっています。しかし、正式に名前

をつけることが認められている元素は112番のコペルニシウムまでです（2011年1月現在）。コペルニシウムは日本語ですが、科学における世界共通の言葉では Cn と表されます。このようにアルファベットを用いて元素を表したものを元素記号といいます。

元素の並べ方のルール

　原子にふくまれる陽子の数を原子番号といいます。陽子の数と中性子の数を合わせた値を質量数といい、原子の質量を比較することができます。原子の質量を比較するために、質量数をもとに計算した原子量という値を用います。メンデレーエフは、原子量を用いて質量の順番に元素を並べると化学的性質が周期的にくり返されることを発見し、似たような性質を示す元素が縦に並ぶように配列して周期表をつくりました。このように性質の似た元素が周期的にくり返されることを周期律といいます。その後、たくさんの新しい発見があり、現在の周期表は原子番号の順に配列されています。

周期表にかくされたひみつ！？

金属と非金属は階段で分けられる？

　周期表の青くぬられている部分は金属元素です。それ以外は非金属元素です（図5）。ちょうど、境目は階段のような形できれいに分かれています。すべての金属は電気を導きますが、非金属は電気を導かないものが多いです。ただし、階段状の境目には半導体として有名なケイ素（Si：シリコン）があります。また、例外的に炭素（C）からできている黒鉛は電気を導きます。

	1	2	3	4	5	6	7	8	9	10	11	12	13	14	15	16	17	18
1	H																	He
2	Li	Be											B	C	N	O	F	Ne
3	Na	Mg											Al	Si	P	S	Cl	Ar
4	K	Ca	Sc	Ti	V	Cr	Mn	Fe	Co	Ni	Cu	Zn	Ga	Ge	As	Se	Br	Kr
5	Rb	Sr	Y	Zr	Nb	Mo	Tc	Ru	Rh	Pd	Ag	Cd	In	Sn	Sb	Te	I	Xe
6	Cs	Ba	ランタノイド	Hf	Ta	W	Re	Os	Ir	Pt	Au	Hg	Tl	Pb	Bi	Po	At	Rn
7	Fr	Ra	アクチノイド	Rf	Db	Sg	Bh	Hs	Mt	Ds	Rg	Cn						

図5　周期表

オリンピックの表彰台が逆さまに！？

周期表の縦のつながりを族といいます。11族に注目しましょう。気がつきましたか？ オリンピックの表彰に使われるメダルの色の金属、金（Au）／銀（Ag）／銅（Cu）が逆さに並んでいます。ちなみに近代オリンピックの金メダルは、銀製のメダルに金メッキをしたものです。

電圧をかけると光る気体！

ネオンサインって聞いたことはありますか？ 夜になるといろいろな色で灯される看板などに使われていて、ネオンともよばれています（図6）。これは細いガラスの管にネオンなど18族の希ガスを封じこめて電圧をかけると光るという性質を利用したあかりです。

図6　ネオンサイン

おもな元素の単体

1種類の元素からできている物質を単体といいます。次の表に、物質を元素記号で表した化学式と、原子量をもとに計算した分子量と、性質を掲載しました。

【常温で気体の物質】

水素 H_2 2	無色の気体。最も軽いため、気球や飛行船に用いられた。 可燃性であり、少量の空気が混ざっても、引火して爆発する。爆発範囲は空気中の水素の体積比で、4〜75％と広い。 酸素と化合して水になる。また、燃料電池の燃料として用いられる。
酸素 O_2 32	大気中の体積のおよそ21％を占める。 ほかのものを燃やすはたらきがある。燃焼は酸素との反応である。 冷却するとうすい青色の液体に、さらに冷却するとうすい青色の固体になり、液体や固体は強い磁石に引きつけられる。
オゾン O_3 48	酸素中で放電すると生じる薄青色の気体。 成層圏にオゾン層として存在し、生命に有害な紫外線が地表に降りそそぐのをやわらげている。酸化する力が強く、汚れやにおいの物質を分解したり、細菌を殺菌するはたらきがある。
窒素 N_2 28	大気中のおよそ78％を占める。 化学的に安定な物質であるが、酸素と反応すれば窒素酸化物を生じる。 液体窒素（−196℃）は冷却に用いられる。
希ガス	周期表の18族を総称して希ガスとよぶ。 「希」は「まれ」（ごく少ない）という意味だが、アルゴンは空気中に約1％も存在している。太陽系付近の宇宙には希ガスの中ではヘリウムがいちばん多く存在している。ほかの物質とほとんど反応せず、非常に化学的に安定である。

塩素 Cl₂ 71	《医薬用外劇物》 黄緑色の気体。有毒で刺激臭がある。 水と反応して塩酸と次亜塩素酸になり、酸性を示す。 用途：酸化剤、漂白剤、さらし粉の原料、上水道・プールの消毒剤

【常温で液体の物質】

臭素 Br₂ 160	単体は非金属元素では唯一、常温・常圧で液体（暗赤色）である。刺激臭をもち、猛毒である。海水中にもあるが量が少ない。
水銀 Hg 201	《医薬用外毒物》 常温で唯一、液体の金属である。 融点が－38.8℃なので、ドライアイスを用いれば固体にできる。 蒸気の毒性は強いので、気密保存して、取りあつかいに注意する。

【常温で固体の物質】

炭素 C 12	単体には、ダイヤモンドや黒鉛などがある。ダイヤモンドはあらゆる物質の中で最もかたく、宝石のほかにガラスの切断や岩石の切削に用いられる。 黒鉛はやわらかく、電気をよく導き、電池の電極や鉛筆のしんに用いられる。
ケイ素 Si 28	地殻中に酸素の次に多く存在する元素である。 単体は自然界には存在せず、酸化物などを還元（→51ページ参照）してつくる。ケイ素の結晶は金属光沢があり、電気伝導性は金属と非金属の中間の大きさである。高純度のケイ素は半導体の材料として用いられている。
ヨウ素 I₂ 254	《医薬用外劇物》 黒紫色の固体で、金属光沢のある結晶である。 海藻などに存在する。海藻灰中のヨウ素含有量は、約0.5％である。水にはわずかにしかとけないが、ヨウ化カリウム水溶液にはよくとけ、ヨウ素液として用いられる。ヨウ素液はデンプンに触れるとヨウ素デンプン反応が起こり青紫色を示す。
金属元素（水銀以外）	一般的に金属は銀白色の金属光沢をもつ（銅と金は銀白色ではない）。金属は、金属イオンと自由電子によって構成され、熱や電気をよく導く。
例 カルシウム Ca 40	銀白色の固体で、水と反応し、水素を発生する。 石灰岩や大理石にふくまれており、骨の主成分として重要な元素でもある。
アルミニウム Al 27	銀白色の軽い金属で、1円玉は純粋なアルミニウムからできている。アルミホイル、飲料用の缶、建材などに利用される。空気中に放置しておくと表面が緻密な酸化アルミニウムの膜に変化し、その膜が内部の酸化を防ぐ。表面を人工的に酸化被膜で覆うように加工したものがアルマイトで、鍋ややかんなどに利用されている。

（提供：【臭素・ケイ素】新居浜工業高等専門学校、【ヨウ素】京都府立嵯峨野高等学校・戸祭智夫）

理科年表　物理／化学部　「元素」ほか

4 融点・沸点
― 温度が変わると物質はどうなるの？―

物質はある温度で状態が変化します。私たちにとって身近でとても重要な水は、冬の寒い日には氷や雪となり、とければ水に、そして、加熱をすれば沸騰して水蒸気に変化します。物質の状態と温度には関係があるのです。

■ 物質の三態

水は常温では液体ですが、温度を下げれば固体の氷に、加熱をすれば気体の水蒸気になります。このような変化を状態変化といいます（図1）。よび名は変わっても H_2O であることに変わりはありません。このように、物質は固体・液体・気体の3つの状態をとります。この3つの状態を物質の三態といいます。物質がどのような状態であるかは、物質の種類によって異なり、温度や圧力によって決まっていますが、その温度や圧力は物質の種類によって異なっています。

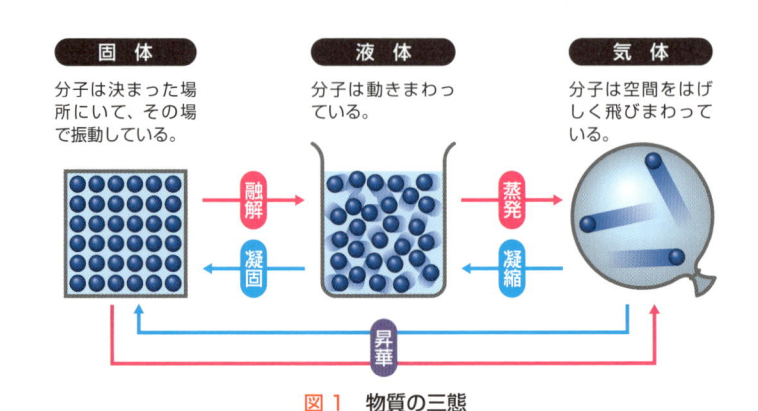

固体	液体	気体
分子は決まった場所にいて、その場で振動している。	分子は動きまわっている。	分子は空間をはげしく飛びまわっている。

固体 →（融解）→ 液体 →（蒸発）→ 気体
気体 →（凝縮）→ 液体 →（凝固）→ 固体
固体 ⇄（昇華）⇄ 気体

図1 物質の三態

融点・沸点

　固体は見かけ上、なにも動きはないように見えますが、その場で振動し、液体になると流動性を増して動きまわり、気体になると空間を激しく飛びまわります。三態のどの状態でも、粒子はたえず運動しています。この粒子の運動を熱運動といいます。

■ 融　点

　物質が固体から液体に変化する温度は、物質によって決まっています。固体から液体に変化することを融解といい、そのときの温度を「融解する温度」なので融点といいます。逆に、液体から固体へと変化する温度は、凝固点といいますが、実際には融点と凝固点は同じ温度を意味します。そのため、通常は融点を代表として用います（図2）。

　水は0℃で水（液体）から氷（固体）になりはじめ、一方で氷（固体）はとけて水（液体）になりはじめます。つまり水の融点0℃は、水と氷が安定に共存できる温度といえます。

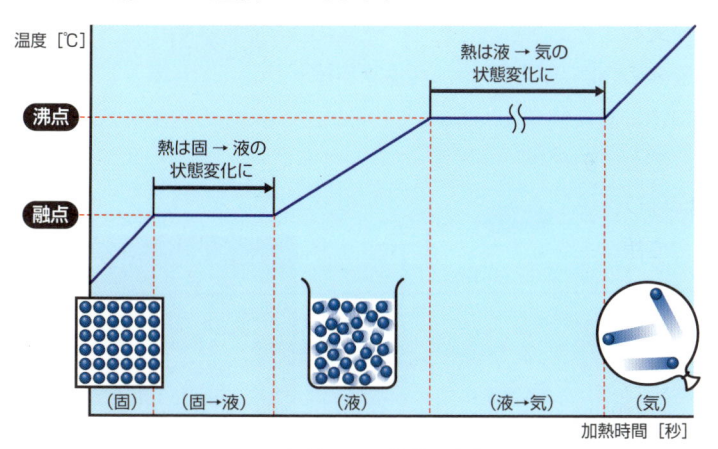

図2　加熱による状態の変化

■ 蒸発と沸騰のちがい

　蒸発とは、液体の表面で液体が気体になる現象です。たとえば、雨が降って水たまりができますが、次の日に晴れて天気がよくなるといつのまにか水たまりはなくなっています。これは蒸発です。洗濯物を干して

図3 蒸 発

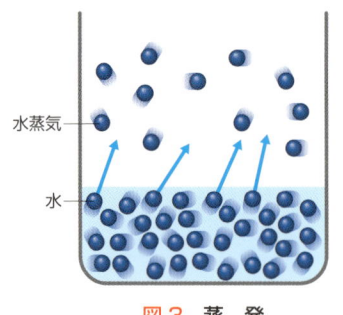

おくと乾くのも蒸発です。じつは、液体はどんな温度でも、その表面から蒸発しています（図3）。

　液体が蒸発して気体になると、分子はいきおいよく飛びまわります。このときの蒸気の圧力を蒸気圧といいます。蒸気圧は温度が上がるにつれて大きくなります。液体を加熱すると蒸気圧が大きくなっていき、液体の内部から気体になろうとします。しかし、まわりの液体と大気の圧力に押しつぶされてしまいます。ところが、さらに加熱をしていき蒸気圧が大気圧を上回ると、水中で気体に変化するようになります。このとき液体の内部で激しく泡が発生する様子が見られます。この現象を沸騰といいます（図4）。沸騰しているとき、液体の内部の泡の表面で蒸発が起こっています。

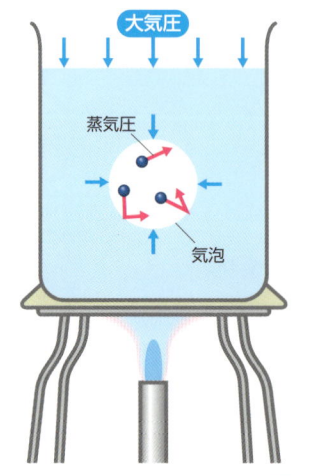

図4 沸 騰

沸点

物質が沸騰する温度を沸点といいます（図4）。沸点は、物質によって決まっています。水は1気圧では100℃になると沸騰するので、沸点は100℃です。また、物質の沸点は、圧力で変わるので、一般には1気圧のときの値を示します。

融点・沸点の値からわかること

物質の融点と沸点（表1）から、その物質はどの温度ではどのような状態を示すかがわかります。物質は融点以下では固体で、融点から沸点の間では液体で、沸点以上では気体として存在します。

たとえば、鉄は1気圧では1536℃以下で固体、1536℃から2863℃の間では液体、2863℃以上では気体ということがわかります。もし、鉄を3000℃の世界に置くと鉄は気体状態で存在することになります（図5）。

表1 沸点・融点の表

元素	融点 [℃]	沸点 [℃]	元素	融点 [℃]	沸点 [℃]
タングステン	3407	5555	スカンジウム	1539	2831
レニウム	3180	5596	鉄	1536	2863
オスミウム	3045	5012	イットリウム	1520	3388
タンタル	2985	5510	コバルト	1495	2930
モリブデン	2623	4682	ニッケル	1455	2890
イリジウム	2443	4437	ケイ素	1412	3266
ルテニウム	2250	4155	ガドリニウム	1312	3266
ホウ素	2077	3870	ベリリウム	1287	2472
ロジウム	1960	3697	マンガン	1246	2062
バナジウム	1917	3420	ウラン	1132.3	4172
クロム	1857	2682	銅	1084.5	2571
ジルコニウム	1852	4361	サマリウム	1072	1791
白金	1769	3827	金	1064.43	2857
トリウム	1750	4789	銀	961.93	2162
チタン	1666	3289	ゲルマニウム	937.4	2834
パラジウム	1552	2964	ランタン	920	3461

表1 沸点・融点の表（つづき）

元素	融点 [℃]	沸点 [℃]	元素	融点 [℃]	沸点 [℃]
カルシウム	842	1503	硫黄（斜方）	112.8	444.674
ヒ素（六方）	817[1)]	603[2)]	ナトリウム	97.81	883
セリウム	799	3426	カリウム	63.65	765
ストロンチウム	777	1414	リン（黄）	44.1	280.5
バリウム	729	1898	ルビジウム	38.89	688
ラジウム	700	1140	ガリウム	29.78	2208
アルミニウム	660.37	2520	セシウム	28.4	658
マグネシウム	650	1095	水	0	100
プルトニウム	639.5	3231	臭素	−7.2	58.78
アンチモン	630.74	1587	水銀	−38.842	356.58
リン（赤）	589.5[4)]	430[1)]	二酸化炭素	−56.6[5)]	−78.5[1)]
テルル	449.8	991	ラドン	−71	−61.8
亜鉛	419.58	907	塩素	−100.98	−34.05
鉛	327.5	1750	キセノン	−111.9	−108.1
カドミウム	321.03	767	クリプトン	−156.6	−153.35
タリウム	303.5	1473	アルゴン	−189.2	−185.86
ビスマス	271.4	1561	窒素	−209.86	−195.8
スズ	231.9681	2603	酸素	−218.4	−182.96
セレン	220.2	684.9	フッ素	−219.62	−188.14
リチウム	180.54	1333	ネオン	−248.67	−246.048
インジウム	156.61	2072	水素	−259.14	−252.87
硫黄（単斜）	119		ヘリウム	−272.2[3)]	−269.934
ヨウ素	113.6	184.35	炭素		3370[1)]

表は1気圧のもとにおける単体の融点および沸点をセルシウス温度で示したものである。
1) 昇華点　2) 36気圧　3) 26気圧　4) 43.1気圧　5) 5.2気圧
Knacke, Kubaschewski and Hesselmann : "Thermochemical Properties of Inorganic Substances", 2nd ed., Springer Verlag (1991) を一部改変。

図5　溶鉱炉
（提供：新日本製鐵株式会社）

融点・沸点の高いタングステンの利用

　最初にエジソン（1847〜1931）が電灯の事業化に成功した際の白熱電球のフィラメント（電流を流すと高温になり光を発する部分）は、竹をむし焼きにして炭にしたものです（図6）。現在ではコイル状にしたタングステン（図7）が使われています。高温になっても簡単に切れないからです。それでも高温の状態で少しずつ蒸発し、細くなっていき、ついには切れてしまいますが、ほかの物質を使う場合とくらべて非常に長持ちします。

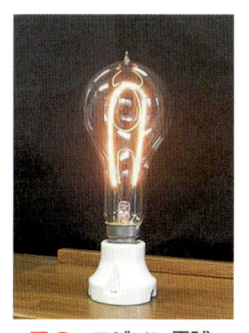

図6　エジソン電球
（浅田電球製作所にて撮影　http://www.ntv.co.jp/burari/040911/info01.html）

図7　タングステン
この写真は、フィラメントではなく、タングステン製の部品。

液体ヘリウムが示す不思議な性質

　ヘリウムは1気圧のもとでは固体になりません。世の中で最も冷たい液体が液体ヘリウムです。理論的な最低温度が−273℃ですが、それに限りなく近い冷たさです。液体ヘリウムは、容器の壁をのぼって容器から出てしまうなどの不思議な性質を見せます。

（参考：http://www.5min.com/Video/Superfluid-Liquid-Helium-Phenomenon-1885819）

5 密度

―ものの浮き沈み、ちがいはなんだろう？―

　飲み物を冷やして飲むとき、氷を入れて飲むことがありますね。ジュースや水、コーヒーにも氷は浮かびます。また、冷蔵庫を開けると、ひんやりした冷気が足もとにながれるのを感じます。物質には大きさと質量の関係に差があるので、このようなことが起こります。

■ 密度

　物質の質量（→80ページ参照）を体積で割ったものを密度といいます。すなわち密度は単位体積あたりの質量です。単位は一般にはグラム毎立方センチメートル［g/cm^3］です。気体の場合はグラム毎リットル［g/L］が使われることが多く、その理由は気体の密度は、固体・液体の密度にくらべると小さく、およそ1000分の1ほどです。したがって、気体の密度は一般に、1Lあたりの質量［g/L］で表します。

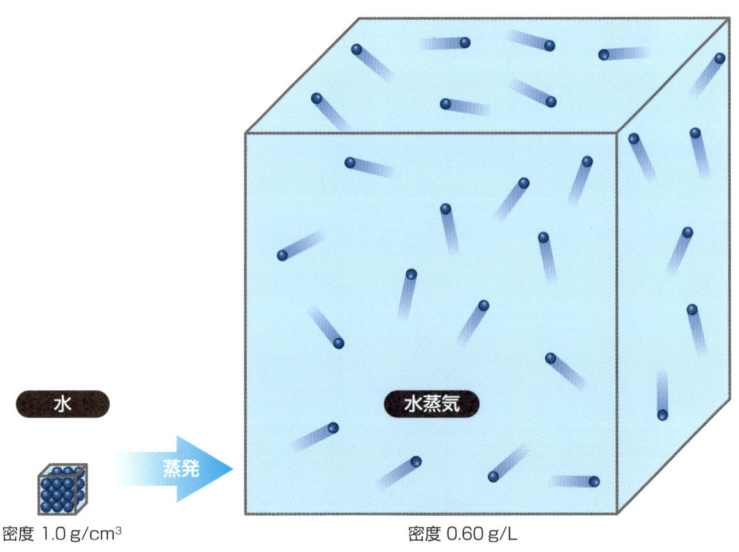

水　蒸発→　水蒸気
密度 1.0 g/cm^3　　密度 0.60 g/L

図1　水と水蒸気のちがい

また、気体は温度・圧力によって大きく体積が変化します。そのため、気体の密度は、ある温度・ある圧力のときとして示します。ここでは、水蒸気以外は0℃、1気圧のときの値です。同じ物質で比較すると、例外もありますが一般に固体は密度が大きいといえます。液体は固体に近いですが、やや小さな値を示し、気体は最も小さいです（図1）。

密度と浮き沈み

水の密度は、ほぼ1 g/cm³です。食塩、砂糖の密度はそれぞれ2.17、1.59 g/cm³です。水に食塩や砂糖をとかすと、たくさんとかすほど（濃度が大きくなるほど）水溶液の密度が大きくなることがわかりますね（表1）。

自然界には、ヨルダンとイスラエルの国境に、死海という塩分濃度が表面で20％（海水の約5倍）、低層では30％という湖があります（図2）。平均するとほぼ水と同じ密度の人間は、ぷかぷかと浮いてしまいます。

図2 死海

ニワトリの卵（新鮮なもの）の密度は1.08～1.09 g/cm³ですが、古くなるほど密度は小さくなっていきます。そこで、食塩水を使うと卵が新鮮かどうかを判断することができます。10％の食塩水に浮いてしまうならば、その卵の密度は1.071以下なので古く、浮かないなら新しいと判断します。新鮮な卵も15％の食塩水には浮かびます。

かつては稲の種からよいものをより分けるのに、食塩水に沈むものを選びました。沈む種は栄養分がぎっしりつまっているからです。

都市ガスを利用している家庭では、ガス検知器が天井近くや壁の上方に設置されています。都市ガスの主成分はメタンといい無色・無臭の気体です（表1）。空気より密度が小さく軽いため、ガス漏れが起きた場合には上のほうに移動します。一方、ガスボンベを利用している家庭では、ガス検知器は床に近い場所に設置されています。ボンベの中身はプロパンで空気より密度が大きいため、ガスが漏れると床をはうように移動します。ガスは目には見えませんし、臭いがないものもありますが、

ガス会社がわざとくさい臭いを混ぜてあるので漏れると臭いでわかります。もし、万が一ガス漏れがわかったら換気扇を回さずに、窓を開けてガスの密度に応じた対応をしましょう。メタンなら天井をあおぎ、プロパンなら床をはくようにガスを追い出すのです。

表1　密度のデータ

[固体]

元素	記号	密度 [g/cm³]		元素	記号	密度 [g/cm³]	
氷		0.917	(0)	イリジウム	Ir	22.42	(17)
ナトリウム	Na	0.971	(20)	コルク		0.22～0.26	
カルシウム	Ca	1.55	(20)	木材　きり		0.31	
固体二酸化炭素（ドライアイス）		1.565	(-80)	木材　竹		0.31～0.4	
砂糖		1.59		木材　すぎ		0.4	
マグネシウム	Mg	1.738	(20)	木材　ひのき		0.49	
硫黄・斜方晶	S	2.07	(20)	木材　松		0.52	
食塩		2.17		木材　チーク		0.58～0.78	
炭素グラファイト	C	2.25	(20)	木材　けやき		0.7	
ケイ素	Si	2.33	(25)	木材　こくたん		1.1～1.3	
アルミニウム	Al	2.6989	(20)	紙（洋紙）		0.7～1.1	
炭素ダイヤモンド	C	3.513	(25)	パラフィン		0.87～0.94	
チタン	Ti	4.54		ゴム（弾性）		0.91～0.96	
ゲルマニウム	Ge	5.323	(25)	ポリエチレン		0.92～0.97	
亜鉛	Zn	7.13	(25)	ポリスチレン		1.056	
鉄	Fe	7.874	(20)	ポリ塩化ビニル		1.2～1.6	
コバルト	Co	8.9	(20)	ニワトリの卵（新鮮なもの）		1.08～1.09	
ニッケル	Ni	8.902	(25)	繊維　羊毛		1.28～1.33	
銅	Cu	8.96	(20)	繊維　絹		1.3～1.37	
銀	Ag	10.5	(20)	繊維　綿		1.5～1.55	
鉛	Pb	11.35	(20)	大理石		1.52～2.86	
水銀（固体）	Hg	14.195	(-38.8)	骨		1.7～2.0	
ウラン	U	18.95		土（ふつうの状態）		約2	
タングステン	W	19.3	(20)	コンクリート		2.4	
金	Au	19.32	(20)	ガラス（ふつう）		2.4～2.6	
白金	Pt	21.45	(20)	花こう岩		2.6～2.7	

＊（　）内の数字は、測定時の環境の温度を示す。

表1 密度のデータ（つづき）

[液体]

物質	密度 [g/cm³]	物質	濃度 [%]	密度 [g/cm³]
ガソリン	0.66～0.75	食塩水溶液（20℃）	1	1.005
エタノール	0.789		5	1.034
メタノール	0.793		10	1.071
窒素	0.808		15	1.109
ベンゼン	0.879　（-195.8）		20	1.149
菜種油	0.91～0.92	砂糖水溶液（20℃）	5	1.018
液体空気	0.92　（-194）		10	1.038
水	0.99997　（4）		15	1.059
海水	1.01～1.05		20	1.081
牛乳	1.03～1.04		25	1.104
グリセリン	1.264		30	1.127
水銀	13.546　（20）			

＊（　）内の数字は、測定時の環境の温度を示す。

氷と水、水蒸気の密度をくらべてみよう

[気体]

気体	密度 [g/L]	比重＊	気体	密度 [g/L]	比重
水素	0.0899	0.0695	硫化水素	1.539	1.19
ヘリウム	0.1785	0.138	塩化水素	1.639	1.268
水蒸気（100℃）	0.598	0.463	アルゴン	1.784	1.38
メタン	0.717	0.555	二酸化炭素	1.977	1.529
アンモニア	0.771	0.597	プロパン	2.02	1.56
ネオン	0.9	0.696	オゾン	2.14	1.66
アセチレン	1.173	0.907	二酸化硫黄（亜硫酸ガス）	2.926	2.264
一酸化炭素	1.25	0.967	塩素	3.214	2.486
窒素	1.25	0.967	クリプトン	3.739	2.891
空気	1.293	1	キセノン	5.887	4.553
酸素	1.429	1.105			

＊空気を1としたとき密度を比較した値

理科年表　物理／化学部　「密度」ほか

6 溶解度

― もののとけやすさにちがいはあるの？―

　喫茶店などでホットコーヒーや紅茶などあたたかい飲み物に砂糖を入れてかき混ぜると、さっととけます。アイスコーヒーやアイスティーには砂糖ではなく、ガムシロップを入れますね。ガムシロップはあらかじめ砂糖をとかしておいた砂糖水です。これは冷たいものには砂糖がとけにくいからです。もののとけやすさは温度と関係があります。

■ 溶液

　液体に別の物質がとけこんで均一な液体になる現象を溶解といいます。たとえば、食塩水をつくる場合、食塩を溶質、水を溶媒といい、できあがった食塩水を溶液といいます。

■ 溶解のしくみ

　食塩を水にとかすとどのようなことが起こるのでしょうか？　食塩は、塩化ナトリウム（NaCl）という物質が主成分です。塩化ナトリウムはナトリウムイオンと塩化物イオンからできるイオン結晶（→60ページ参照）です。水中の塩化ナトリウムは水に取り囲まれ、ナトリウムイオン（Na^+）と塩化物イオン（Cl^-）に電離します。それぞれのイオンは水と結びついて、結晶から徐々に引き離されて、水溶液中をただよいます。はじめは塩化ナトリウムの粒が目に見えていても、完全にとけてしまうと、無色の溶液になって見えなくなります（図1）。

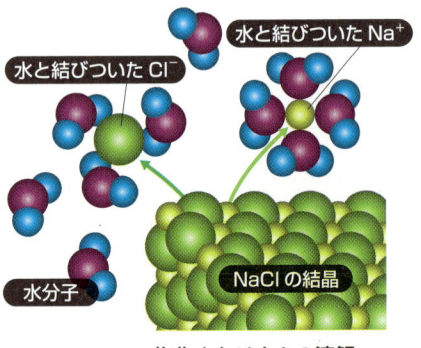

図1　塩化ナトリウムの溶解

飽和溶液

温度一定で一定量の溶媒に溶質をとかしていくと、ある一定の量をこえるとそれ以上は溶解しなくなります。このように溶質がとける限界までとかした溶液を飽和溶液といいます。

固体の溶解度

一定量の溶媒にとかすことができる溶質の最大質量の値を溶解度といいます（表1）。固体の溶解度については、溶媒100 gに対してとかすことができる溶質の最大質量[g]の値で表します。一般的には、温度が高くなればなるほど、溶解度は大きくなります。なかには、例外もあります。たとえば、水酸化カルシウムは温度が高くなるほど、とけにくくなるというめずらしい物質です。

硫酸銅（Ⅱ）には白色の$CuSO_4$（無水物）と青色の$CuSO_4 \cdot 5H_2O$（五水和物）がありますが、溶解度は一般に無水物の質量[g]の値で表します。

表1 水に対する溶解度

単位[g/100 g 水]

温度[℃]	塩化ナトリウム NaCl	塩化カリウム KCl	硝酸カリウム KNO_3	硫酸銅（Ⅱ） $CuSO_4$	ショ糖 $C_{12}H_{22}O_{11}$	水酸化カルシウム $Ca(OH)_2$
0	37.6	27.8	13.3	14.0	—	0.171
10	37.7	30.9	22.0	17.0	190	—
20	37.8	34.0	31.6	20.2	198	0.156
30	38.0	37.1	45.6	24.1	216	—
40	38.3	40.0	63.9	28.7	235	0.134
50	38.7	42.9	85.2	33.9	256	—
60	39.0	45.8	109	39.9	287	0.112
80	40.0	51.2	169	56.0	363	0.0911
100	41.1	56.4	245	—	492	0.0726

（硝酸カリウム、硫酸銅の値は『化学便覧（第5版）』、ショ糖の値は埼玉大学教育学部化学研究室のHPより）

溶解度曲線

温度を変化させて溶解度を測定したものをグラフで表すと図2のような曲線になります。溶質の種類ごとに異なるグラフを示します。硝酸

図2　溶解度曲線

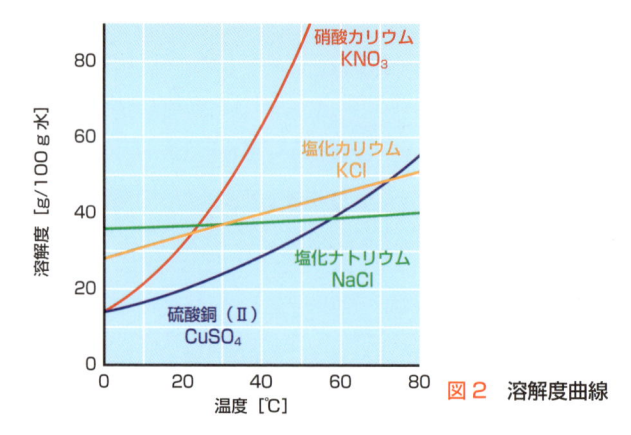

カリウムは温度の上昇とともに溶解度が大きく変化しますが、塩化ナトリウムはあまり変化がありません。

■ 結晶の析出

　塩をつくる昔ながらの方法は、まず、海水をくみ上げて、砂浜にまき、天日によって水分を蒸発させることによって海水にとけていた塩類を析出させます。このままでは砂が混じっていますから、その後さらに操作を行うことによって、塩をつくります。また、溶液の温度を下げることによっても、溶解度の差によってとけきれなくなった溶質が結晶として析出します。

　固体をいったん水にとかして、溶解度の差を利用して再び結晶を取り出すことを再結晶といいます。再結晶を利用すると、少量の不純物をふくんだ物質から純粋な物質を取り出すことができます。たとえば、少量の塩化ナトリウムが混ざった硝酸カリウムから、純粋な硝酸カリウムを取り出す場合について考えてみましょう（図3）。まず、高温で飽和溶液をつく

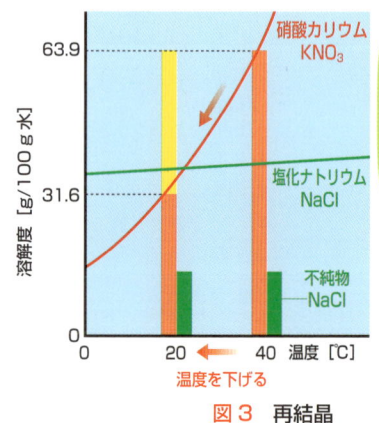

温度を下げると KNO_3 は溶解度が小さくなっていくので、黄色の部分がとけきれなくなって析出するよ

図3　再結晶

り、その後、温度を下げます。少量の塩化ナトリウムは溶液にとけたままですが、溶解度が温度によって大きく変わる硝酸カリウムは結晶として析出します。このように純粋な結晶を取り出すことができます。

気体の溶解度

サイダーやコーラなどの炭酸飲料を飲むときにフタをあけるとプシュッ！という音がしますね。あの音はなんの音でしょう。あれは、気体がフタのすきまから逃げていく音です。炭酸飲料には二酸化炭素がとけこんでいます。そして、二酸化炭素が多くふくまれているために容器の内部の圧力は大気の圧力にくらべて高くなっています。そのため、フタが開くと容器内の圧力が大気圧と等しくなり、つまり容器内の圧力が下がります。そのため、高い圧力によって押さえこまれてとけていた二酸化炭素のうち、とけきれなくなった分は逃げていくのです。

さて、先ほどの炭酸飲料をコップに注いで、しばらく室温で放っておくとどうなるでしょうか？　だんだんとぬるくなってきて、味は酸味が弱くなってきますね。いわゆる「気のぬけた」状態になります。つまり気体は温度が高くなるほど水にはとけにくくなります。これは温度が上がるほど気体分子の運動が激しくなって、水の中から逃げていくためと考えられます。

気体の溶解度は、固体の溶解度とは異なり、一般に温度が高くなるほど水にはとけにくくなります（表2）。そして、溶解する気体の質量は、大気圧（あるいは周囲の気体の圧力）に比例することがわかっています（図4）。

表2　気体の溶解度

単位 [cm^3]

気体		0℃	20℃	40℃	60℃
水素	H$_2$	0.022	0.018	0.016	0.016
窒素	N$_2$	0.024	0.016	0.012	0.010
酸素	O$_2$	0.049	0.031	0.023	0.019
二酸化炭素	CO$_2$	1.71	0.88	0.53	0.36
メタン	CH$_4$	0.056	0.033	0.024	0.020

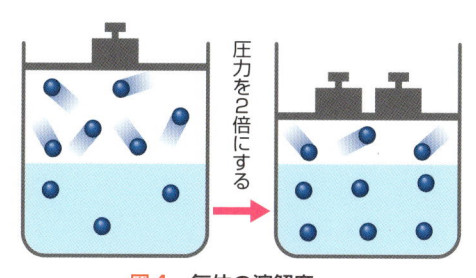

図4　気体の溶解度
圧力が2倍になると、2倍の分子がとける。

7 プラスチック
―環境にやさしいの？　やさしくないの？―

　ペットボトル・したじき・スーパーやコンビニなどのもち帰り袋・フリースなど、身のまわりにはプラスチック製品であふれています。使い終わると分別してリサイクルし、再利用することができるものもあります。プラスチックはなにからつくられるのでしょうか？

■ プラスチックはなにからできる？

　松の樹木に傷をつけると、松やにという樹液が出てきます。これを天然樹脂といいます。ゴムの木（ゴムノキ）からとれる樹液は固まると天然ゴムとよばれ、消しゴムなどの材料に使われます。ほかに、うるしの木（ウルシノキ）（図1）の樹液は塗料などに用いられます。これらの天然樹脂をまねて、人工的につくった樹脂のようなものを合成樹脂といい、おもに石油にふくまれる成分からつくられます。一般的にはプラスチックとよばれます。

図1　うるしの木

■ プラスチックはどうやってできる？

　プラスチックはとても大きな分子です。このような大きな分子のことを高分子といいます。天然に存在する高分子には、デンプンやタンパク質などがあります。それらは、実際には小さな分子が何百、何千個もくり返し結合して、大きな分子を形づくっています。デンプンはブドウ糖が、タンパク質はアミノ酸という小さな分子がくり返し結合しています。

図2　分子の重合

このとき、小さな分子のことを単量体（モノマー）といい、くり返し結合することを重合といいます。重合によってできるのが重合体（ポリマー）です（図2）。

おもなプラスチックの性質と用途

表1　おもなプラスチック

名称	ポリエチレン	ポリ塩化ビニル	ポリ酢酸ビニル	ポリスチレン
単量体（モノマー）	$CH_2=CH_2$ エチレン	$CH_2=CHCl$ 塩化ビニル	$CH_2=CHOCOCH_3$ 酢酸ビニル	$CH_2=CH-C_6H_5$ スチレン
性質	ねばり強い。化学薬品に安定。	化学薬品に安定。	メタノールやエタノール・アセトンにとける。やわらかい。接着力大。	透明で、かたい。
例	薄膜・板・容器・薬品びん・絶縁材料・ポリ袋	薄膜・板・水道管・袋物・電線被覆	接着剤・塗料・ビニロンの原料	高周波電気絶縁材料・透明容器・発泡断熱材

密度のちがい

　プラスチックは見た目が同じように見えても単量体がちがうことがわかりましたね。プラスチックをおおまかに見分ける方法があります。まず、プラスチックを切手のサイズほどに切ります。そして、コップに水を入れて浮かぶか？　沈むか？　を観察するだけなのです。身近にあるポリ袋やプラコップ、ペットボトルなどで試してみましょう。

　結果はどうでしたか？　水に浮かぶものはスーパーの袋やフィルムケースなどの材料に使われるポリエチレン（比重 0.94）かポリプロピレン（比重 0.91）です。その他のものは水に沈みます。ペットボトルの材料である PET 樹脂やポリスチレン、ポリ塩化ビニル（比重 1.4）などは水よりも密度が大きいので沈みます。

燃え方のちがい

小さなプラスチックの試料をピンセットでもち、炎にかざします。燃え方のちがいによって、プラスチックの種類がある程度判別できます。実際に行う際には、火元の安全に注意して行いましょう。

① 黒煙が出ないで、燃えだれが落ち、火から遠ざけても燃え続ける
　→ポリエチレン（特有のパラフィン臭［ロウの臭い］、ポリプロピレン［特有の甘みのある石油臭］）など

図3　ポリスチレンの燃焼

② 黒煙を出す→ポリスチレン（スチレンモノマー特有の刺激臭）、ポリ塩化ビニル（塩素含有物特有の刺激臭）など（図3）

③ 炎から遠ざけると、すぐ火が消える→ポリ塩化ビニルなど

塩素の入ったプラスチックの見分け方

裸銅線の先を丸めて、赤く熱してから、熱いうちに少量の試料につけて、また炎に入れます。緑色の炎の場合は、ポリ塩化ビニルやポリ塩化ビニリデンなど塩素をふくむプラスチックです（図4）。試料に塩素がふくまれていると、熱した銅線と反応して塩化銅ができます。塩化銅は燃やすと、特有の緑色の炎をあげるのです。このような現象を炎色反応といいます。塩素をふくむプラスチックは焼却の際のダイオキシン発生の原因の1つと考えられています。

図4　銅の炎色反応

プラスチックと環境問題

プラスチックは天然樹脂にくらべて安価に速く大量に生産することができるため、身のまわりでさまざまな用途に役立っています。しかし人工的につくられたプラスチックは、そのままにしておくと天然由来の紙

や綿、絹のように自然にかえることはなく、分解されるにしても、とても長い時間がかかります。したがって廃棄する場合、以前はおもに焼却や埋め立てによって処分されてきました。焼却処分の際には、排煙にふくまれるダイオキシンなどの有害物質が処分場周辺で問題になることもありました。また、埋め立てをする場合には、いずれは敷地が不足することになります。そこで、最近ではプラスチックを種類ごとに分別して回収し、可能な限りリサイクルするようになってきました。

プラスチック判別マーク

　プラスチックは見た目では材質がわかりにくいため、リサイクルしやすいように製品には判別マークがつけられます（表2）。プラスチック容器に対する国際的に共通の素材表示マークで、日本プラスチック工業連盟が表示します。中央の数字によって素材を区別でき、とくにペットボトルへの表示は容器包装リサイクル法で義務づけられています。

表2　プラスチック判別マーク

判別マーク	素材名	用途例
PET (1)	ポリエチレンテレフタラート	PETボトル ビデオ・カセットテープ A-PET容器
HDPE (2)	高密度ポリエチレン	ポリタンク スーパーもち帰り袋（乳白色）
PVC (3)	ポリ塩化ビニル	卵パック 水道パイプ フルーツケース
LDPE (4)	低密度ポリエチレン	透明ポリ袋 マヨネーズ・ケチャップボトル
PP (5)	ポリプロピレン	食用コンテナ、洗桶、洗面器、プリンカップ、密閉容器
PS (6)	ポリスチレン	PSPトレー（発泡ポリスチレン） 魚箱（発泡ポリスチレン） 食卓関連雑貨品
OTHER (7)	1～6以外のプラスチックおよび複合素材	

🟪 プラスチックは野生の命をおびやかす

　プラスチックはきちんと回収されると再利用の価値があります。しかし、ゴミとして捨てられてしまう場合にはいろいろな問題が起こります。ゴミが町や自然を汚すことはもちろんですが、川や海に投棄されると回収がとても難しいので、野生の生物に対して悪影響をおよぼします。

　たとえば、釣りや漁などで使われる、釣り糸や網はプラスチックです。これらが岩などに引っかかって、そのまま取り残されるケース。糸や網に魚やイルカ、野鳥などがからまって死んでしまう事例が報告されています。また、スーパーのもち帰り袋が海洋に投棄されると、ウミガメが好物のクラゲと間違って食べてしまいうことがあります。人間が捨てたゴミが、野生の生物の命をおびやかすことがあるのです。

🟪 生分解性プラスチック

　最近では、釣り糸やプラスチックの容器、スーパーのもち帰り袋などに、天然由来の材料を用いて人工的につくったプラスチックが利用されるようになりました。これらのプラスチックは、土や水の中の微生物によって分解されて自然にかえるので、生分解性プラスチックとよばれます（図5）。プラスチックの廃棄の際に、少しでも環境問題の解決

図5　生分解性プラスチック
気温20〜25℃の季節で、土の中に6週間放置して取り出したバイオポリエステルのフィルム。土の中の微生物によって分解したもの。（提供：独立行政法人理化学研究所）

になるよう最先端の研究が進められています。

電気を通すプラスチック

　プラスチックは電気を通さないといわれていました。ところが、ポリアセチレンという炭素と水素からできているプラスチックはわずかに電気を通すということを発見した人がいました。その後、改良を加えて金属のように電気を通すように改良することに成功しました。その人をみなさんは知っていますか？　そうです、日本の科学者、白川英樹博士です（図6）。白川博士は導電性高分子の発見で、2000年にノーベル化学賞を受賞されました。

図6　白川英樹博士
（提供：筑波大学）

　今では、この技術を応用してタッチパネルなどに使われています。皆さんがタッチスクリーンでゲームをすることができるのは白川博士のおかげですね。

　ここで白川博士のエピソードを紹介します。中学校の卒業文集に博士は次のようなことを書いています。「高校を卒業できたら、できることなら大学へ入って、化学や物理の研究をしたい。現在できているプラスチックの欠点を取りのぞいたり、いろいろ新しいプラスチックをつくり出したい。プラスチックの製品としてナイロン靴下や風呂敷などができているが、熱いお弁当を包むと伸びてしまってもとにもどらない。熱に非常に弱いからだ。これも1つの欠点だ。これらの欠点をなくして、安くつくれるようになったら、社会の人々にどんなに喜ばれることだろう。」その後、博士は大学受験をします。一度は受験に失敗しましたが翌年には見事、東京工業大学理工学部化学工学科に合格を果たしました。このときから博士の化学への道がスタートしたのです。

　みなさんも夢や目標をもって、将来は人々が幸せになるようなすばらしい仕事をしてくださいね。

理科年表　物理／化学部　「高分子化合物」

8 理科室にあるおもな薬品の性質
―学校の薬品は危険なの？―

　学校の実験は、家庭ではできないようなおもしろさがありますね。一方で、家庭とはちがって、危険がともなう場合もあります。実験はやってみないとわからないのですが、取りあつかいに注意が必要な薬品もたくさんありますから、ぜひ知っておきましょう。

＊数字は式量

#	薬品	説明
1	亜鉛 $Zn=65$	 銀白色の金属で、華状、板状、粉末などの形で市販されている。酸を加えると水素が発生する。乾電池の外筒缶、トタンの表面のメッキ等に利用されている。 【廃棄するときは、重金属イオンとして回収する。】
2	アルミニウム $Al=27$	 銀白色の金属で、板状、箔状、粉末などの形で市販されている。アルミニウムは酸にもアルカリにも反応して、水素を発生する。アルミニウムを空気中に放置しておくと、表面が緻密な酸化アルミニウムの膜に変化し内部を保護するためさびにくいといわれる。
3	アンモニア水 $NH_3=17$	 10％以上《医薬用外劇物》 市販の濃アンモニア水は高濃度であり、たえずアンモニアの気体が蒸発しているので、強い刺激臭を放つ。 虫さされなどの医薬品として使われている。 【密栓して冷暗所に保存する。】
4	硫黄 $S=32$	 黄色の固体である。自然には火山ガスの噴出口付近などで単体の硫黄として産出するほか、鉱物や石炭・石油などの化石燃料にふくまれる。 化石燃料の大量使用によって、大気中の硫黄酸化物（SO_x）が増し、大気汚染や酸性雨（→『マイ ファースト サイエンスよくわかる気象・環境と生物のしくみ』74ページ参照）の原因となっている。
5	エタノール $C_2H_5OH=46$	 エチルアルコールともいい、無色の液体である。水とは無限に混ざり合い、有機溶媒とも混合するので溶媒として広く利用される。デンプンやブドウ糖のアルコール発酵で生成する飲料となる。消毒液として注射などの際に用いられる。 【可燃性物質である。】
6	塩酸 $HCl=36.5$	 10％以上《医薬用外劇物》 塩化水素の水溶液。水溶液中で電離し、強酸性を示す。多くの金属をとかすが、金、銀、銅のような金属はとかせない。 【塩化水素ガスがつねに発生しているので、密栓して保管する。】 【廃棄するときは、アルカリで中和してから回収する。】

理科室にあるおもな薬品の性質

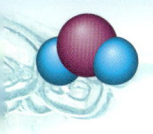

7 塩化銅(Ⅱ)二水和物 $CuCl_2 \cdot 2H_2O = 171$

《医薬用外劇物》
青緑色の結晶。水によくとける。水溶液中では銅(Ⅱ)イオン Cu^{2+} と塩化物イオン Cl^- に電離して、電気分解すると陰極に銅が、陽極に塩素が生じる。
【廃棄するときは、重金属イオンとして回収する。】

8 塩化ナトリウム $NaCl = 58.5$

食塩として日常的によく用いられる。ヒトには不可欠な物質。海水に 約3%ふくまれるほか、岩塩として産出する。無色の結晶で、加熱すると801℃でとける。水にとけ、Na^+ と Cl^- に電離する。溶解度は、温度が高くなってもあまり変わらない。塩化ナトリウムや塩化カルシウムは融雪剤に用いられる。

9 過酸化水素水 $H_2O_2 = 34$

6%以上《医薬用外劇物》
市販の試薬は約 30%であり、消毒薬のオキシドールは約 3%である。水溶液は不安定で、常温でも徐々に分解し、酸素を発生する。酸化マンガン(Ⅳ)を加えると、急激に酸素が発生する。
【高濃度の溶液は冷暗所に保存する。】
【高濃度の液体が手などについたときは、すぐに水でよく洗う。】

10 酢酸 $CH_3COOH = 60$

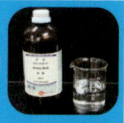

高濃度のものは気温が冬など 17℃以下になると固体になり、その様子が氷のようなので、氷酢酸とよばれる。無色の液体で、刺激臭がある。水には無限にとける。水溶液中では一部電離して酸性を示す。食酢中に 3～5% ふくまれている。
皮膚につくと炎症を起こす。
【手や衣服についた場合は多量の水で洗い流す。】
【廃棄するときは、アルカリで中和してから回収する。】

11 酸化銀(Ⅰ) $Ag_2O = 232$

暗褐色の固体。
硝酸銀水溶液に水酸化ナトリウム水溶液を加えると生じる。
熱すると銀と酸素に分解する。

12 酸化鉄(Ⅲ) $Fe_2O_3 = 160$

酸化第二鉄、べんがら、ともいう。
色は、製法および処理により異なり、赤褐色、黒色などになる。赤鉄鉱などの鉄鉱石として、天然に産出する。鉄さび（赤さび）の成分である。スチールウールを燃やすと、おもにこの酸化鉄(Ⅲ)と四酸化三鉄ができる。
用途：ガラスの仕上げ研磨剤、赤色顔料、鉄の原料

13	四酸化三鉄 Fe_3O_4 = 232	 酸化鉄（Ⅱ、Ⅲ）ともいい、黒色固体である。 天然に磁鉄鉱として産出する。かこう岩中に砂鉄としてふくまれている。鉄さび（黒さび）の成分である。強磁性を示す。 用途：鉄の原料、電極、アンモニア合成用触媒、黒色顔料
14	酸化マンガン（Ⅳ） MnO_2 = 87	 二酸化マンガンともいう。黒色ないし黒褐色の固体で、粉末状や粒状で市販されている。水にはとけない。 マンガン乾電池の正極活物質（→69ページ参照）に利用されている。触媒としてはたらき、過酸化水素水を分解して酸素を発生させる。
15	酸　素 O_2 = 32	 空気の体積の約 21 % ふくまれている。ほかのものを燃やすはたらきがある。燃焼は酸素との反応である。水には、少ししかとけない。 化学的に反応しやすい気体で、さまざまな酸化物が存在する。
16	硝酸 HNO_3 = 63	 《医薬用外劇物》 無色で揮発性の液体。光や熱により分解しやすいため、褐色のびんに入れて密栓し、冷暗所に保管する。酸化力が強く、多くの金属と反応して金属をとかし、大気汚染物質である窒素酸化物（NO_x）（→『マイ ファースト サイエンスよくわかる気象・環境と生物のしくみ』74ページ参照）を発生する。 【廃棄するときは、アルカリで中和してから回収する。】
17	水　銀 Hg = 201	 《医薬用外毒物》 常温で液体の金属である。 各種の金属とアマルガム（水銀との合金）をつくる。 【蒸気の毒性は強いため、気密保存して取りあつかいに注意する。】 【回収したらほかの重金属と一緒にせず、専用の容器に入れる。】
18	水酸化カルシウム $Ca(OH)_2$ = 74	 無色の固体で、水には少ししかとけない。水溶液は石灰水とよばれ、水酸化カルシウムが電離して強いアルカリ性を示す。酸化カルシウムと水を反応させると、激しい熱とともに生成する。 空気中の二酸化炭素を吸収するので、密栓して保管する。

#	物質	説明
19	水酸化ナトリウム $NaOH=40$	《医薬用外劇物》苛性ソーダともいう。無色の固体で、水によくとけて電離し、強いアルカリ性を示す。水にとけるとき、多量の熱が発生する。空気中の水分を吸収してとける性質（潮解性）があるため、密栓して保管する。 【タンパク質をとかすので、目や口に入らないよう注意する。】 【濃度が薄い溶液でも触れた場合には、すぐに水洗いする。】
20	炭酸カルシウム $CaCO_3=100$	石灰石・大理石・貝殻や卵の殻の主成分である。チョークにも用いられる。水にはほとんどとけないが、弱いアルカリ性を示す。酸と反応して、二酸化炭素を発生する。強く熱すると、二酸化炭素を発生して酸化カルシウムになる。
21	二酸化炭素 $CO_2=44$	無色・無臭の気体で、炭酸ガスとよばれる。大気中に約0.04％存在する。ドライアイスは二酸化炭素の固体であり、-78℃の低温である。炭素をふくむ物質の燃焼や生物の呼吸によって生成する。水にとけたものを炭酸水といい、弱い酸性を示す。
22	炭酸水素ナトリウム $NaHCO_3=84$	重曹、タンサンともよばれスーパーなどでも手に入る。ふくらし粉としておかしづくりの材料や入浴剤、胃腸薬などに用いられる。水に少しとけ、弱いアルカリ性を示す。炭酸水素ナトリウムは熱による分解、酸との反応により二酸化炭素を発生する。
23	鉄 $Fe=56$	鉄鉱石などを炭素（一酸化炭素）で還元して得られる。くぎや刃物などの材料となる重要な物質である。磁性体としてよく知られており、磁石の材料としても用いられる。アルミニウムにくらべるとさびやすく、空気中の酸素のはたらきにより酸化鉄になる。使い捨てカイロの中には、細かな鉄粉が入っていて、空気中の酸素と徐々に反応して、その際の反応熱を利用して私たちは暖をとっている。おかしなどの品質保存のために酸素吸収剤としても用いられる。
24	デンプン $(C_6H_{10}O_5)_n$ nはくり返されるの意味	炭水化物の一種で、多糖類ともよばれる。イモやコメ・麦など、植物の根や種子などに、デンプン粒として存在する。デンプンを食べると消化酵素（アミラーゼなど）のはたらきにより分解されてブドウ糖（グルコース）になる。つまり、デンプンはブドウ糖が多数つながった高分子である。 ヨウ素溶液と反応し、ヨウ素デンプン反応の特有な赤紫〜青紫色を示す。
25	銅 $Cu=64$	10円硬貨の主成分で、特有の赤銅色を示す。 銀の次に電気、熱をよく導くため、屋内の電気配線に用いられる。空気中で加熱すると、黒色の酸化銅（Ⅱ）が生じる。銅粉と硫黄を反応させると、硫化銅（Ⅰ）Cu_2S が生成する。 【廃棄するときは、重金属イオンとして回収する。】

26	BTB溶液	指示薬の一種。変色域はpH 6までの酸性では黄色、pH 6〜7.6の中性付近では緑色、pH 7.6以上のアルカリ性では青色、を呈する。調製はBTB 0.1 gに対し、50％エタノール水溶液100 mLの割合でとかし、うすい水酸化ナトリウム水溶液を少量加え、緑色にして保存する。
27	ベネジクト液	糖を検出する試薬。ブドウ糖や果糖などの還元性を示す糖の検出に用いる。ショ糖は還元性がないため検出できない。ベネジクト液2〜3 mLに、試験液2〜3滴を加えて加熱沸騰させる。還元性のある糖が存在すれば、酸化銅(Ⅰ)の赤色沈殿が生じる。
28	ホウ酸 $H_3BO_3=62$	無色の結晶で、水にとけ弱い酸性を示す。温度による溶解度の差が大きいので、再結晶の実験に用いる。ホウ素が炎色反応を示すので、少量の結晶をメタノールにとかし、その溶液に点火すると、黄緑色の炎色反応を示す。殺菌作用があり、うがい薬、洗眼などに用いられるが、多すぎると毒性が増すので、ゴキブリ団子などの殺虫剤にも使われる。
29	マグネシウム $Mg=24$	銀白色のやわらかく軽い金属。テープ状、粉状などで市販されている。空気中で簡単に点火され、まぶしい光を発して燃焼する。昔は、カメラのフラッシュの発光剤として利用されていた。二酸化炭素をふくむ気体中でマグネシウムを燃焼させると、二酸化炭素が還元されて炭素ができる。
30	ミョウバン $AlK(SO_4)_2 \cdot 12H_2O = 474$	正式名は硫酸カリウムアルミニウム十二水和物。無色の固体。泥水に加えると、イオンのはたらきで汚れが沈殿するので、水の浄化剤として利用される。無水物は、焼きミョウバンとして知られ、ナスの漬け物をつくるときに色を鮮やかに保つはたらきがある。
31	メタノール $CH_3OH=32$	《医薬用外劇物》 メチルアルコールともいい、無色の液体である。水とは無限に混ざりあう。溶媒として用いられる。燃料用のアルコール。毒性があるため、飲料には用いない。 【可燃性物質である。】
32	ヨウ素 $I_2=254$	《医薬用外劇物》 紫黒色で金属光沢のある結晶。固体が直接気体に変化する性質（昇華性）があり、その蒸気は紫色で特異な臭気をもつ。海藻などに存在する。海藻灰中のヨウ素含有量は、約0.5％である。水にはほとんどとけないが、ヨウ化カリウム水溶液にはよくとけ、ヨウ素液として用いられる。 エタノールなどの有機溶媒にはよくとける。

33	リトマス	紫色の粉末で、指示薬の一種。リトマスゴケ（→7ページ参照）などの地衣類から抽出されたものが由来。水、エタノールにとける。変色域は、pH 5.0 以下で赤色、pH 8.0 以上で青色、pH 5.0〜8.0 の間は赤紫色から青紫色へと変化する。リトマス試験紙は、リトマスの水溶液をろ紙などの紙にしみこませたものである。
34	硫酸 $H_2SO_4=98$	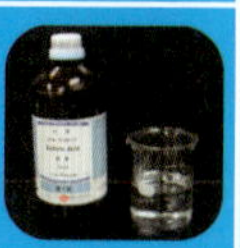 《医薬用外劇物》 無色の粘り気のある液体で、水には無限にとける。濃硫酸には脱水作用という、物質の中にふくまれる水素原子と酸素原子を2：1の割合で奪い水分子をつくる激しい性質がある。その際、急激な発熱をともなう。濃硫酸には吸湿性があり、乾燥剤として用いられる。 うすめる場合には、まず水を準備し、硫酸を少しずつかき混ぜながら入れていく。逆を行うと、発熱により濃硫酸が飛び散って危険である。 【皮膚につくと炎症を起こす。】 【皮膚や衣服についた場合は多量の水で洗い流す。】 【廃棄するときは、アルカリで中和してから回収する。】
35	硫酸銅（Ⅱ）五水和物 $CuSO_4・5H_2O$ $=250$	 《医薬用外劇物》 青色の固体で、水によくとける。加熱すると結晶水を失い、白色の無水硫酸銅（$CuSO_4$）になる。無水硫酸銅に、水を加えると青色の硫酸銅五水和物になるため、水の検出に用いられる。 【廃棄するときは、重金属イオンとして回収する。】
36	硝酸カリウム $KNO_3=101$	 天然には硝石として産出する。黒色火薬に酸化剤として配合されるが、それ自体は燃えない。温度によって溶解度の差が大きいため、再結晶によって精製しやすい。
37	フェノールフタレイン溶液 $C_{20}H_{14}O_4$ $=318$	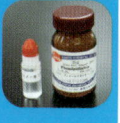 白色の固体で、指示薬の一種。変色域はアルカリ性にかたより、pH 8.3 以下で無色、pH 10.0 以上では赤紫色を示す。水には非常にとけにくいので、調製の際には 1 g に対し、60％エタノール水溶液 100 mL の割合でとかす。

（提供：【酸化鉄（Ⅲ）、四酸化三鉄、ヨウ素】京都府立嵯峨野高等学校・戸祭智夫、【酸化銀（Ⅰ）】情報処理推進機構・教育用画像素材集）

9 水の性質
―水のひみつを知っていますか？―

　暗黒の宇宙で、青く輝く水の惑星、地球。その表面は広く海で覆われています。生命体は海の中で進化したといわれています。生命のみなもとである水、生き物にとって不可欠で、最も身近にあふれている水。じつは、水にはとても不思議な性質があるのです。

■ 水は氷より密度が大きい

　水は海や川、そして雨や雪として降りそそぎ、私たちの身のまわりにあふれている物質です。私たちの体の60～70％は水であり（→『マイファースト サイエンス よくわかる気象・環境と生物のしくみ』90ページ参照）、生命体にとっては不可欠の存在です。水は自然界の温度変化によって、比較的温度差のせまい範囲で状態が変わり、よび名も変わります。寒い冬には固体になり氷とよばれ、沸騰した水は気体となり水蒸気とよばれます。液体については、常温であれば水とよびますが、加熱して熱くなったものは湯とよびます。しかし、化学的にはいずれも、水素原子2つと酸素原子1つからなる分子で H_2O と表されます。

　水は凍ると氷になります。氷は水に浮かびますね。これは氷（固体）のほうが水（液体）よりも密度が小さいことを意味します。通常、ほとんどの物質は固体のほうが、粒子がぎっしりとつまるため、液体にくらべると密度が大きいのですが、H_2O はそうではありません。このような例外は、ほかにはゲルマニウム、ビスマスなどとごく限られています。

　氷は、水分子が水素結合という特殊な力で規則正しく結びついていますが、そのときすきまの多い構造をとります（図1）。水の密度が氷より大きいのは、氷がとけるとその構造が部分的に破壊されて水分子がより緊密につめこまれるからなのです（図2）。

　池や湖などでは、表面の水が外気で冷やされるとき、4℃までは温度が下がるにつれて密度

水の性質

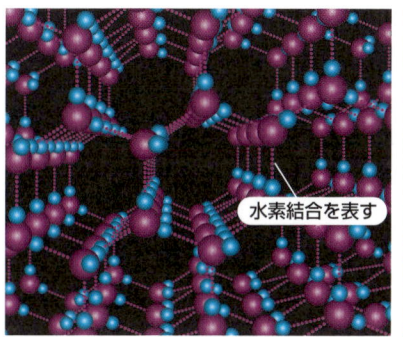

図1 水のモデル
水素結合によりすきまが多い構造

図2 氷のモデル
水素結合が部分的に破壊されて、分子がつめこまれた構造

が大きくなるため沈んでいきます。すると、底のほうにあるあたたかい水が表面のほうに上がってきて外気に触れ冷やされます。この対流がくり返されると、水全体の温度が4℃になります（図3）。したがって、冬季は貯水池などで表層と深層の水は循環するため、水温が極端に差がある層をつくることはありません。

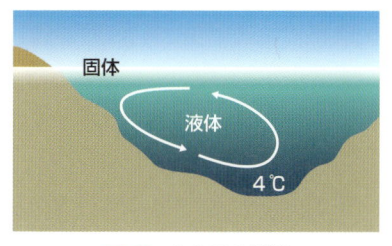

図3 水中での対流
外気が4℃である場合

冬季には気温が低くなり、表面の水が冷やされて4℃以下になることがあります。その場合は、4℃までは先に述べたように対流がくり返

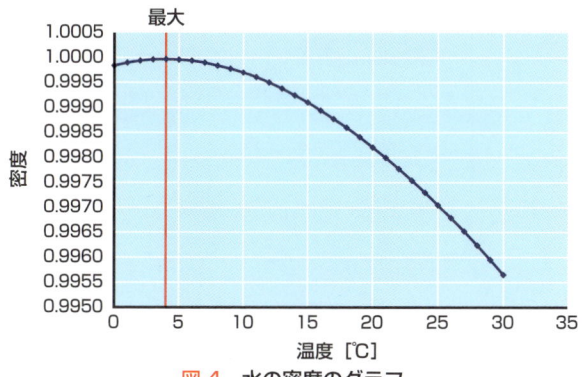

図4 水の密度のグラフ

されるので、水全体が4℃となります。さらに気温が下がると、表面の温度は4℃以下に下がります。すると水の密度は小さくなりますから、表面に留まったままで凍ります。そのため、池や湖の内部の水は凍らないのです。低温の固体が液体よりも上にくることは、池や湖の全体が凍結することを防ぎます。その意味では生物に生き残りやすい環境をつくっているといえます（図4）。

もし、水にこのようなめずらしい性質がなかったら、海がすべて凍りつき生命の祖先は生き残ることができなかった、かもしれませんね。

■ 水の沸点は圧力で大きく変わる

純粋な水は1気圧では100℃で沸騰します（→108ページ参照）。これはみなさんご存じで、「水の沸点は100℃である」というのは常識ですね。しかし、じつは周囲の圧力が変化すると沸点はそれにともなって変化するのです。

たとえば、地上より大気圧の低い富士山頂（3776m）では87℃、エベレスト山頂（8848m）では71℃で沸騰するのです。地上付近と同じようにご飯を炊くと上手に炊けずおいしくありません。沸騰とは液体の内部から蒸発が起こる現象です（→22ページ参照）。これは蒸気圧と大気圧の

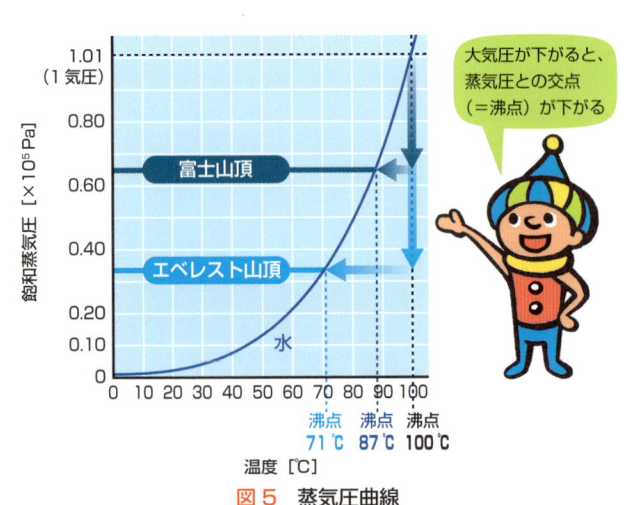

図5　蒸気圧曲線

関係によって理解することができます。蒸気圧は温度によって変化し、温度が上がるほど蒸気圧は高くなります。ついに、蒸気圧が大気圧を上回ると液体の内部から蒸発が起こります。これを沸騰といいます。

つまり、周囲の圧力が大きくなると沸点が高くなり、圧力が小さくなると低くなるわけです（図5）。

硬度

硬度とは、水にとけているマグネシウムとカルシウムの分量を、炭酸カルシウムの量に換算して表した量［mg/L］のことです。「軟水」「硬水」は水の硬度によって分けていますが、その境界線はそれぞれの国によって異なります。

日本では、
- 軟　水　　　硬度　178 mg/L 未満
- 中間の水　　硬度　178 mg/L 以上　357 mg/L 未満
- 硬　水　　　硬度　357 mg/L 以上

日本の水は硬度 100 mg/L 以下の軟水が多いです（表3）。

表3　世界の水の硬度スペクトル

上記のデータは ppm で表されていますが、mg/L と同じとみてよい。
（日下　譲・竹村成三、化学と工業、vol. 43、p. 1479、日本化学会、1990 より）

理科年表　物理／化学部　「密度」「蒸気圧」ほか

10 おもな化学反応
― ものが化けるってホント？―

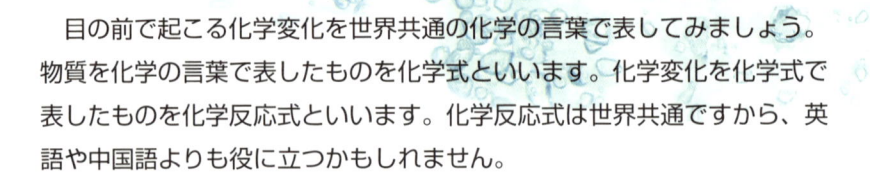

目の前で起こる化学変化を世界共通の化学の言葉で表してみましょう。物質を化学の言葉で表したものを化学式といいます。化学変化を化学式で表したものを化学反応式といいます。化学反応式は世界共通ですから、英語や中国語よりも役に立つかもしれません。

化学反応は化ける？

化学反応は化ける反応です。しかし、きつねがヒトの姿に化けるのとはわけがちがいます。物質を構成する原子の組みかえが起こるのです。ですから反応の前後で新たな原子が生まれたり、なくなったりはしません（→『マイ ファースト サイエンス よくわかる宇宙と地球のすがた』 64ページ参照）。このような反応を化学変化といいます。まるで、おもちゃのブロックでいろいろな形をつくり出すとき、基本となるブロックの数や種類が増えたり減ったりしないのと同じようなことです。化学反応の前と後で反応に関わる物質の質量の合計は変化しないのです。このことを化学では、「質量保存の法則」といいます。

炭を燃焼させると、二酸化炭素になって逃げていくためになにもなくなるように見えます。しかし、実験装置をくふうして、あらかじめ炭と酸素を入れておいて、完全に外気と遮断された密閉状態で反応を行い、発生した二酸化炭素をすべて回収して質量をはかれば、法則が成り立っていることが証明できます。

氷がとけて水になる変化では、見た目は変わりますが化学的には H_2O のままですから、化学変化とはいいません。これは物質の状態が変わる状態変化といいます。

よくわかる身のまわりの現象・物質の不思議

■ 化合
2種類以上の物質が結びついて別の1種類の物質ができる化学変化を化合といいます。2種類以上の元素からなる物質を化合物といいます。

■ 酸化
物質が酸素と化合することを酸化といいます。燃焼は発生するエネルギーが大きいため発光と発熱をともなう酸化です。金属がさびる反応は、比較的ゆっくりと進むおだやかな酸化です。酸素とほかの元素との化合物を酸化物といいます。さらに広く定義すると、酸化には、水素を失うことや電子を失うこともふくまれます。

■ 還元
一般に、酸化物が酸素を失うことを還元といいます。酸化銅や酸化鉄を還元すると金属の銅や鉄が得られます。金属の酸化物をふくむ鉱石から金属の単体を得る操作は、還元です。酸化と還元は同時に起こっていて、相手を酸化する物質（酸化剤）は還元され、相手を還元する物質（還元剤）は酸化されています。たとえば、酸化銅と炭素の反応では、酸化銅は炭素によって還元されて銅になり、炭素は酸化銅によって酸化されて二酸化炭素になります。さらに広く定義すると、水素を得ることや電子を得ることも還元といいます。

■ 光合成
葉緑体をもつ植物は、二酸化炭素と水を原料に光のエネルギーを用いて、ブドウ糖をつくっています。さらにブドウ糖からデンプンやタンパク質をつくっています（→『マイ ファースト サイエンス よくわかる気象・環境と生物のしくみ』 92ページ参照）。

■ 呼吸
植物も動物も呼吸します。呼吸とは、大きくは酸素を吸って二酸化炭素を出すことです。そのとき、細胞ではブドウ糖と酸素から生活活動の

エネルギーを生み出しています（細胞でのこのはたらきを内呼吸といいます）。その結果、二酸化炭素と水が生じます。植物にとっては、呼吸は光合成と逆の反応になります。

分　解

化合物が熱や衝撃、光などの外部からのエネルギーなどによって2種類以上の物質に分かれることを分解といいます。熱による分解を熱分解、電気による分解を電気分解といいます。

電気分解

電気のエネルギーで化合物を分解することを電気分解といいます。略して電解ともいいます。電気分解をするためには化合物を水にとかすか、または化合物を加熱して高温のドロドロの状態（融解させる）にします。そこへ電極を差しこんで電圧をかけます。すると陽極付近では、酸化されやすい（電子を離しやすい）分子やイオンが電子を離し、陰極付近では還元されやすい（電子を受け取りやすい）分子やイオンが電子を受け取って、物質が析出あるいは発生してきます。

中　和

酸とアルカリ（塩基）が反応して、たがいの性質を打ち消し合うことを中和といいます。酸の水素イオン（H^+）とアルカリの水酸化物イオン（OH^-）が反応して、たがいの性質を打ち消し合って水（H_2O）が生成します。結果として、酸とアルカリの残りから塩が生成します。たとえば、塩酸と水酸化ナトリウムが中和すると次のようになります。

塩酸 ＋ 水酸化ナトリウム ─────────→ 塩化ナトリウム＋水
$HCl + NaOH \rightarrow H^+ + Cl^- + Na^+ + OH^- \rightarrow NaCl + H_2O$

化学反応式のルール

化学変化を化学式を用いて表したものを化学反応式といいます。反応

前の物質（反応物）を左辺に、反応後の物質（生成物）を右辺に書き、その間は変化を意味する「→」で結びます。化学変化は原子の組みかえなので、左辺と右辺で同じ種類の元素の原子が同じ数だけ存在するように調整するために、係数を用います。係数は最も簡単な整数の比になるように設定し、分数や小数を使ってはいけません。

■ おもな化学反応

1	化合（燃焼）	炭素 ＋ 酸素 → 二酸化炭素 $C + O_2 → CO_2$
		炭（黒鉛）など空気中で燃やすと二酸化炭素になる。ダイヤモンドを燃やしても二酸化炭素が発生する。黒鉛とダイヤモンドは炭素からなる同素体[*]である。
2	化合（燃焼）	水素 ＋ 酸素 → 水 $2H_2 + O_2 → 2H_2O$
		水素を空気中で燃やすと水蒸気（水）になる。混合の比率によっては爆発するのであつかいには注意する必要がある。
3	化合（燃焼）	マグネシウム ＋ 酸素 → 酸化マグネシウム $2Mg + O_2 → 2MgO$
		マグネシウムを空気中で燃やすとまぶしい強い光を出しながら反応し、白色の酸化マグネシウムとなる。
4	化合（酸化）	銅 ＋ 酸素 → 酸化銅 $2Cu + O_2 → 2CuO$
		銅を空気中で強熱すると黒色の酸化銅になる。
5	化合（酸化）	鉄 ＋ 酸素 → 酸化鉄 $4Fe + 3O_2 → 2Fe_2O_3$ （$3Fe + 2O_2 → Fe_3O_4$ という反応も起こる）
		鉄を空気中で強熱すると黒色の酸化鉄になる。
6	化合	鉄 ＋ 硫黄 → 硫化鉄 $Fe + S → FeS$
		よく混ぜた鉄粉と硫黄粉を熱すると、黒色の硫化鉄ができる。
7	還元	酸化銅 ＋ 炭素 → 銅 ＋ 二酸化炭素 $2CuO + C → 2Cu + CO_2$
		黒色の酸化銅粉末と炭素粉末を混合して加熱すると、炭素により酸化銅が還元されて、銅ができる。

＊同じ種類の元素からなるが、種類の異なる単体をたがいに同素体という。

8	還元	酸化銅 ＋ 水素 → 銅 ＋ 水 $CuO + H_2 → Cu + H_2O$
		強熱した酸化銅に水素を触れさせると、水素により酸化銅が還元されて、銅になる。
9	光合成	水 ＋ 二酸化炭素 → ブドウ糖 ＋ 酸素 $6H_2O + 6CO_2 → C_6H_{12}O_6 + 6O_2$
		植物は、空気中の二酸化炭素と水を光のエネルギーを使ってブドウ糖に変える。ブドウ糖はさらに、デンプンへと合成される。
10	呼吸	ブドウ糖 ＋ 酸素 → 水 ＋ 二酸化炭素 $C_6H_{12}O_6 + 6O_2 → 6H_2O + 6CO_2$
		植物は細胞での呼吸のときに、ブドウ糖と酸素からエネルギーを取り出す。呼吸の結果、二酸化炭素と水ができる。植物にかぎらず、動物の体内でも呼吸の際には同様な反応が起こる。
11	分 解 （電気分解）	水 → 水素 ＋ 酸素 $2H_2O → 2H_2 + O_2$
		純粋な水は電流を流さないが、水酸化ナトリウムなど、少量の電解質を加えて電気分解すると、陰極には水素、陽極には酸素が発生する。
12	分 解 （熱分解）	酸化銀 → 銀 ＋ 酸素 $2Ag_2O → 4Ag + O_2$
		加熱すると、酸素が発生し、銀が残る。
13	分 解 （熱分解）	炭酸水素ナトリウム → 炭酸ナトリウム ＋ 水 ＋ 二酸化炭素 $2NaHCO_3 → Na_2CO_3 + H_2O + CO_2$
		炭酸水素ナトリウムを加熱すると分解し二酸化炭素を発生する。炭酸水素ナトリウムをホットケーキやカルメ焼きに使うのは、熱分解して二酸化炭素が発生してケーキや砂糖液をふくらませるからである。
14	分 解 （電気分解）	塩化銅 → 銅 ＋ 塩素 $CuCl_2 → Cu + Cl_2$
		塩化銅の水溶液を電気分解すると、陰極に銅が析出し、陽極に塩素ガスが発生する。
15	分 解 （電気分解）	塩酸 → 水素 ＋ 塩素 $2HCl → H_2 + Cl_2$
		塩酸を電気分解すると、陰極に水素が発生し、陽極に塩素ガスが発生する。
16	気体の発生 二酸化炭素 （酸と塩の 反応）	炭酸カルシウム ＋ 塩酸 → 塩化カルシウム ＋ 水 ＋ 二酸化炭素 $CaCO_3 + 2HCl → CaCl_2 + H_2O + CO_2$
		炭酸カルシウムは塩酸と反応して、二酸化炭素を発生する。 弱酸の塩に強酸を加えると弱酸が遊離する[*1]。

17	気体の発生 アンモニア （アルカリと塩の反応）	塩化アンモニウム ＋ 水酸化カルシウム → 塩化カルシウム ＋ 水 ＋ アンモニア $2NH_4Cl + Ca(OH)_2 → CaCl_2 + 2H_2O + 2NH_3$ 弱アルカリの塩に強アルカリを加えると弱アルカリが遊離する[*2]。
18	気体の発生 水素 （金属と酸の反応）	亜鉛 ＋ 塩酸 → 塩化亜鉛 ＋ 水素 $Zn + 2HCl → ZnCl_2 + H_2$ 実験室で水素を発生させるには塩酸に粒状亜鉛や華状亜鉛（不定形で表面積が大きい亜鉛）を加えるのがよい。
19	気体の発生 水素 （金属と酸の反応）	マグネシウム ＋ 塩酸 → 塩化マグネシウム ＋ 水素 $Mg + 2HCl → MgCl_2 + H_2$ 塩酸にマグネシウムを加えると、亜鉛を加えたときとくらべて、かなり速く反応する。
20	気体の発生 水素 （金属と酸の反応）	アルミニウム ＋ 塩酸 → 塩化アルミニウム ＋ 水素 $2Al + 6HCl → 2AlCl_3 + 3H_2$ アルミニウムは酸にも強アルカリにも反応して、水素を発生する。
21	気体の発生 酸素	過酸化水素 → 水 ＋ 酸素 $2H_2O_2 → 2H_2O + O_2$ （MnO_2：触媒[*3]） 常温でも徐々に分解するが、触媒を用いるとすみやかに酸素が発生する。
22	中和	塩酸 ＋ 水酸化ナトリウム → 塩化ナトリウム ＋ 水 $HCl + NaOH → NaCl + H_2O$
23	中和	硫酸 ＋ 水酸化バリウム → 硫酸バリウム ＋ 水 $H_2SO_4 + Ba(OH)_2 → BaSO_4 + 2H_2O$ 硫酸バリウムは白い沈殿でほとんど水にとけない。
24	中和	二酸化炭素 ＋ 水酸化カルシウム（石灰水） → 炭酸カルシウム ＋ 水 $CO_2 + Ca(OH)_2 → CaCO_3 + H_2O$ 石灰水に二酸化炭素を吹きこむと、水にほとんどとけない炭酸カルシウムが生成し白くにごる。

[*1] 炭酸はほとんど電離せず水素イオンを放出しないので弱酸、一方、塩酸は電離し水素イオンをたくさん放出するので強酸と分類される。

[*2] アンモニアはほとんど電離せず水酸化物イオンを放出しないので弱アルカリ、一方、水酸化カルシウムは電離し水酸化物イオンをたくさん放出するので強アルカリと分類される。

[*3] 化学反応の前後でそのもの自身は変化はしないが、化学反応を促進させる物質を触媒という。

11 原子の構造とイオン
―原子とイオンのちがいはなあに？―

イオンとはいったいなんでしょうか？ イオンとは電気をもつ粒子です。電気をもっていると聞くと、感電しそうな気がしますが、じつは身近に存在します。

■ 原子の構造

物質はすべて原子からできています。じつはイオンは原子と密接な関係があります。そこで、まず原子の中を見てみましょう。

原子の基本的な構造はすべて同じで、中心に原子核とよばれる核があり、その周囲を電子が飛びまわっています。原子核の中には、さらに小さな粒子である陽子と中性子が存在します。原子の中にふくまれる陽子・中性子・電子の数がそれぞれ種類ごとに異なるので、原子の大きさや質量が異なります。

図1はヘリウム原子の構造模型です。ヘリウムは原子番号2で、陽子数が2個、電子数が2個、中性子数が2個です。陽子はプラスの電気をもち、これに対し電子はマイナスの電気をもっています。中性子には電気をもちません。陽子数＝電子数で、原子全体ではプラスマイナス0、つまり電気的に中性です。すべての原子は、陽子の数と同じ数の電子をもっています。

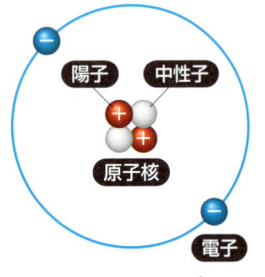

図1　ヘリウム原子 $^{4}_{2}He$ の構造模型
原子核の半径は、原子の半径の約10万分の1（＝10^{-5}）である。

■ 電子殻と電子配置

地球上には約100種類の元素があります（現在、正式な名前がついている元素で112種類。しかし、天然にあるのは90数種類で、残りは人工元素です）。元素が

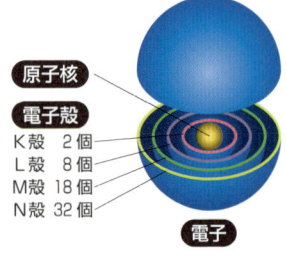

図2　原子のモデル
原子核
電子殻
K殻　2個
L殻　8個
M殻　18個
N殻　32個
電子

原子の構造とイオン

約100種類あれば、それぞれの原子にある電子の数も最低の1個から約100個まであるわけです。

電子はめったやたらに原子核の周囲を飛びまわっているのでしょうか。じつは、原子核のまわりには電子殻とよばれる、電子の部屋のようなものがあります。それぞれの電子殻には内側から、Kからはじまるアルファベット順に、K殻・L殻・M殻・N殻と名前がつけられ、最大収容数も決まっています。電子は、最も内側の電子殻から順番におさめられ、その原子が最も安定に存在するように電子が配置されています。このような配置のしかたを電子配置といいます（図2）。

■ 第3周期までの電子配置

周期表の第3周期までの電子配置は以下のようです（図3）。周期が

価電子の数	1	2	3	4	5	6	7	0
電子配置	H 水素 (1+)							He ヘリウム (2+)
K殻	1							2
電子配置	Li リチウム (3+)	Be ベリリウム (4+)	B ホウ素 (5+)	C 炭素 (6+)	N 窒素 (7+)	O 酸素 (8+)	F フッ素 (9+)	Ne ネオン (10+)
K殻	2	2	2	2	2	2	2	2
L殻	1	2	3	4	5	6	7	8
電子配置	Na ナトリウム (11+)	Mg マグネシウム (12+)	Al アルミニウム (13+)	Si ケイ素 (14+)	P リン (15+)	S 硫黄 (16+)	Cl 塩素 (17+)	Ar アルゴン (18+)
K殻	2	2	2	2	2	2	2	2
L殻	8	8	8	8	8	8	8	8
M殻	1	2	3	4	5	6	7	8

図3　電子配置

増えるごとに電子殻が増えることがわかります。また、18族（希ガス）をのぞいて、同じ族ならば最も外側の電子殻に入る電子の数が同じであることがわかります。最も外側の電子殻にある電子は価電子とよばれ、イオンになるとき、また、結合をする際にとても重要な電子です。18族（希ガス）については、例外的に価電子は0と定義します。18族（希ガス）は最も外側の電子殻には電子が2、または8個であり、ほかの元素とはめったに結合をしません。このような電子配置は化学的にとても安定であると考えられています。18族（希ガス）は安定な強い電子配置なのです。

■ イオン

イオンとは電気をもった粒子のことです。イオンは身近に存在し、たとえば、ジュースやお味噌汁の中にもふくまれています。料理をするとき塩を使うことがあります。塩が水にとけるとどうなるのでしょうか。料理で使う塩は、化学ではその主成分を塩化ナトリウムといいます。塩化ナトリウム（NaCl）が水にとけると、電気をもったナトリウムイオン（Na^+）と塩化物イオン（Cl^-）にばらばらになります。この様子を電離といい、電離する物質を電解質といいます。水は電気を通しませんが、電解質の水溶液はイオンがあるため電気を通します。このように水にとけて電離する物質は、炭酸水素ナトリウム（重曹）やミョウバンなど、身近に数多く存在します。一方、砂糖は水にとけますが電離しません。このような物質を非電解質といいます。非電解質の水溶液はイオンがないため電気を通しません。

■ イオンのでき方

イオンはどのようにできるのでしょうか？ ナトリウムイオンは Na^+ と書きますが、この意味は、電子1つを失って正（プラス）の電気をもったという意味です。なぜ、2つではなく、1つなのでしょうか。なぜ、もらうのではなく失うのでしょうか。その答えは、電子配置にあります。

図4を見てください。ナトリウムは最も外側のM殻に電子が1つ配

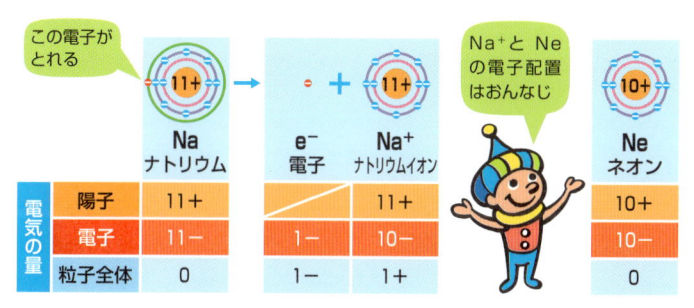

図4 ナトリウムイオンのでき方

置されています。18族（希ガス）のような安定な電子配置になろうとすると、M殻の電子1つを放出すれば最も原子番号の近い希ガスのネオンと同じ電子配置をとることができるのです。結果として、電子1つを失い、その代わりに正（プラス）の電気をもつようになります。したがって、ナトリウムイオンはNa^+と表現します。正（プラス）の電気をもったイオンを陽イオンといいます。陽イオンは、元素名にイオンをつけます。

一方、塩素はどのようにイオンになるのか考えてみましょう（図5）。電子配置をみると価電子が7個なので、あと1個もらえば、最も原子番号の近い希ガスのアルゴンと同じ電子配置をとることができます。結果として、電子1つを得て、負（マイナス）の電気をもちます。したがって、塩素のイオンはCl^-と表現し、名前は塩素の「素」を取り、「化物」を付け足し、塩化物イオンとよびます。ただし、複数の元素からできる陰イオンにはこのルールを用いません。負（マイナス）の電気をもったイオンを陰イオンといいます。元素の陰イオンは、塩素の陰イオンを塩

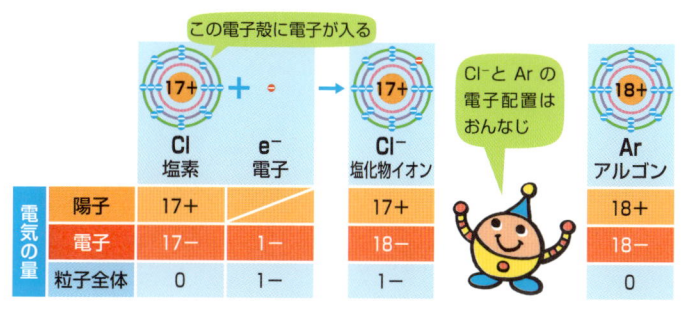

図5 塩化物イオンのでき方

化物イオンというように、「〜化物イオン」といいます。酸素の陰イオンは酸化物イオン、硫黄の陰イオンは硫化物イオンです。

では、マグネシウムはどんなイオンになるでしょうか。ヒントは図3のマグネシウムの電子配置を見てください。最も外側のM殻に電子が2つ配置されています。18族（希ガス）のような安定な電子配置になろうとすると、M殻の電子2つを失って最も原子番号の近いネオンと同じ電子配置をとります。ナトリウムイオンのときと同じですね。ただし、失う電子が2つですから、マグネシウムイオンはMg^{2+}と表現します。もう1つ、酸素についても考えてみましょう。電子配置を見ると価電子が6個なので、あと2個もらえば、最も原子番号の近い希ガスのネオンと同じ電子配置をとることができます。したがって、酸素のイオンはO^{2-}と表現し、名前は酸化物イオンとよびます。

表1　いろいろなイオン

イオンの名称	イオン式*	イオンの名称	イオン式
水素イオン	H^+	水酸化物イオン	OH^-
カリウムイオン	K^+	硝酸イオン	NO_3^-
銀イオン	Ag^+	硫化物イオン	S^{2-}
カルシウムイオン	Ca^{2+}	炭酸イオン	CO_3^{2-}
アルミニウムイオン	Al^{3+}	硫酸イオン	SO_4^{2-}

＊イオンを元素記号で表したものイオン式といいます。

イオン結合とイオン結晶

ここで、塩化ナトリウムはどのようにつくられているかを考えてみましょう（図6、→30ページ参照）。

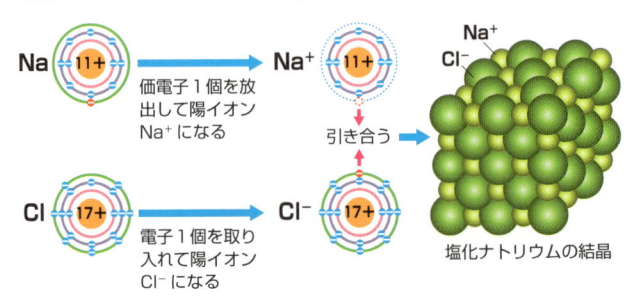

図6　塩化ナトリウムのでき方

陽イオンと陰イオンは電気的に引力がはたらきます。この引力を静電気力（クーロン力）といいます。静電気力によりナトリウムイオンと塩化物イオンは引き合いますが、1つずつによる分子をつくることはなく、交互に規則正しく立体的に配列して、大きな結晶をつくります。このように陽イオンと陰イオンによる静電気力による結合をイオン結合といい、イオン結合による結晶をイオン結晶といいます。

イオン結晶の名前と表し方

　塩化ナトリウムには、ナトリウムイオンと塩化物イオンが1：1の割合でふくまれています。これらはちょうど電気的にプラスマイナス0になるような割合なのです。イオン結晶を元素記号で表してみましょう。陽イオンのNa^+を先に、陰イオンのCl^-を後に書きます。このときイオン式の右上の数字（電荷という）は1の場合は省略します。電気的に打ち消し合うからです。すると NaCl となります。1：1で結合することは書いてありませんが、1は書かなくてよいルールなのです。このように結合するイオンとその割合を表したものを組成式といいます。

　次に名前をつけてみましょう。陰イオン（塩化物イオン）を先に、陽イオン（ナトリウムイオン）を後に読みます。このとき「〜イオン」は省略します。また、陰イオンの名前が「〜化物イオン」の場合には「物イオン」を省略するのがルールです。したがって、「塩化ナトリウム」とよびます。

　では、マグネシウムイオン（Mg^{2+}）と塩化物イオン（Cl^-）からできるイオン結晶について考えてみましょう。電気的にプラスマイナス0になる割合は1：2ですね。2以上の数字は元素の右下に小さく書くのがルールなので、$MgCl_2$となります。名前は「塩化マグネシウム」です。

Mg^{2+} （+2） ＋ $2Cl^-$ （−1×2） → $MgCl_2$
マグネシウムイオン　塩化物イオン　　塩化マグネシウム

陽イオンを先に　陰イオンを後に
イオンの数は右下に記す。1は省略する

12 電 池

― 電池の中はどうなっているの？―

　懐中電灯やラジオ、携帯電話やポータブルゲーム機など、電池はあらゆる場面で利用されています。最近では、ガソリンにかわるエネルギーとして電気自動車が町を走るようになり、家庭においても燃料電池が実用化されています。

■ 電池は電気をためる池

　電気は、ガスやガソリンのように貯めておくことは難しく、電気を蓄えることはなかなかできませんでした。電池は電流を発生させる装置ですが、電気をいつでも使えるように蓄えるイメージで、電気の池と書いて電池といいます。電流とは、電子が流れることによって生じる電気の流れです。いいかえると、電池は電子の流れを生み出す装置です。その際に、化学反応を利用する化学電池と、半導体を利用する太陽電池などの物理電池の大きく2つに分類されます。いずれの電池も電子の流れを湧き出る泉のごとく生み出し、その流れをくみ出して外部の回路へ電気エネルギーとして取り出すことで、私たちは恩恵を受けています。ここではおもに化学電池について述べます。

■ 金属のイオンになりやすさ

　多くの金属は酸と反応してとけ、陽イオンになります。金属が陽イオンになるとき、電子を放出しています。その電子はどこへ消えたのでしょうか。その電子は消えたのではなく、なにかが受け取ったのです。実際の反応を具体的に考えてみましょう。たとえば、亜鉛が塩酸にとける反応についてです（図1）。反応式を見てみると以下のようです。

　　　亜鉛　＋　塩酸　　　→　　塩化亜鉛　＋　水素
　　　Zn　＋ 2HCl　　　→　　$ZnCl_2$　　＋　H_2

　この反応をもう少し、くわしく分解してみます。この反応では、反応前の塩酸（HCl）、反応後の塩化亜鉛（$ZnCl_2$）は水にとけて、それぞれ $H^+ + Cl^-$、$Zn^{2+} + 2Cl^-$ になっています。

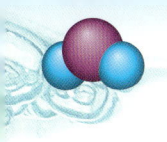

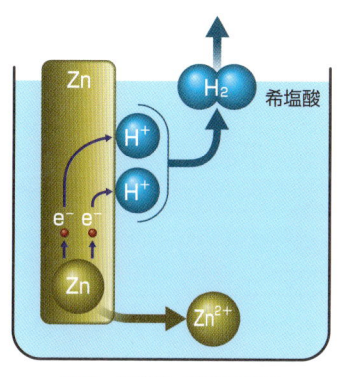

図1 亜鉛と塩酸の反応

化学反応式は、
$$Zn + 2H^+ + 2Cl^- \longrightarrow Zn^{2+} + 2Cl^- + H_2$$
で、反応前も反応後も $2Cl^-$ は同じままですから消去すると、
$$Zn + 2H^+ \longrightarrow Zn^{2+} + H_2$$
Zn が Zn^{2+}、$2H^+$ が H_2 になっていますね。このとき、電子を e^- で表すと、
$$Zn \longrightarrow Zn^{2+} + 2e^-$$
$$2H^+ + 2e^- \longrightarrow H_2$$
の反応が起こっています。

この反応において、電子の受けわたしに注目すると、亜鉛が放出した電子を水素イオンが受け取っていることがわかります。

$$Zn^{2+}（放出）\longrightarrow 2e^- \longrightarrow 2H^+（受取）$$

ここには化学反応における電子の流れが存在します。しかし、このとき電子の流れを取り出すことは不可能です。

では、次に、2種類の金属について反応を考えてみましょう。硝酸銀水溶液に銅板をひたします。すると、銅板の表面には銀が析出します（図2）。

図2 銀樹
（提供：田中陵二［相模中央化学研究所］）

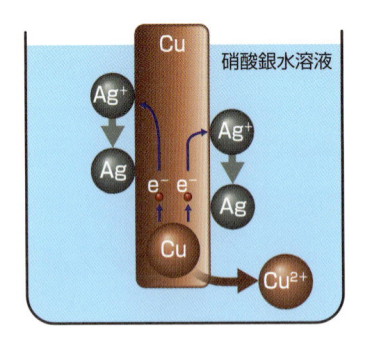

図3 銅と銀イオンの反応

　なぜ、このような現象が起きたのかを考えます。銅は銀にくらべてイオンになりやすいと考えられます。銅は銅イオンになる際に、電子を放出します。その電子を銀イオンが受け取って、銅板の表面に析出したと考えられます（図3）。
　反応式で考えると、
　　　　Cu $\longrightarrow$ Cu^{2+} ＋ 2e^-　（銅がイオンになり、電子を放出）
　　　2Ag^+＋2e^- $\longrightarrow$ 2Ag　（銀イオンが電子を受け取り、銀として析出）
１つの式にまとめると Cu ＋ 2Ag^+ $\longrightarrow$ Cu^{2+}＋2Ag となり電子は消去され、電子の受けわたしの流れは、Cu（放出）$\longrightarrow$ 2e^- $\longrightarrow$ 2Ag^+（受取）のようになっています。しかし、やはり先と同様に電子の流れを外に取り出すことはできません。このような実験をいろいろな金属の組みあわせで行ったり理論的なデータから、金属のイオンになりやすさに順番をつけることができます。それを金属のイオン化傾向とよびます。
　金属のイオン化傾向のちがいを利用して、2種類の金属の間で直接電子を受けわたすことがないように、金属どうしを導線でつなぎます。その導線の間にモータや電球などの外部の回路を接続することで電子の流れを利用することができます。このような装置が電池です。

化学電池の原理

　化学電池は、酸化還元反応を利用して化学反応のエネルギーを電気エネルギーに変える装置です（図4）。一般に、イオン化傾向の異なる2種類の金属を電解質の水溶液（電解液）にひたすと電池ができます。このとき水溶液に挿入した各々の金属を電極といいます。

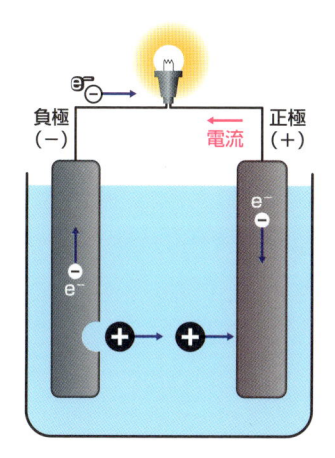

図4　電池の原理

　イオン化傾向の大きいほうの金属は酸化されて溶液中に陽イオンとなってとけ出します。このとき金属は電子を放出します。この反応は次々に起こるので、放出された電子は電極から順に押し出されて、導線を通りイオン化傾向の小さい金属に向かって流れます。イオン化傾向の小さい金属（炭素の場合もある）に電子が流れこむと、金属周辺で電子を受け取りやすい分子やイオンが電子を受け取り、還元されます。電子が生じる電極を負極、電子の流れこむ極を正極といいます。このように負極では電子を放出する酸化、正極付近では電子を受け取る還元が起こって、負極から正極へと回路を電子が流れます。つまり電流が発生するわけです。電流の向きは電子の流れとは逆の方向と定義されているので、電流は正極から負極に向かって流れます（→ 128ページ参照）。

電池の歴史

　1746年にオランダでライデン瓶が発明され、電気の実験はいろいろと試行がくり返されましたが、電気を蓄えておくこと、自在にあやつることは困難でした。
　1789年にイタリアの解剖学者ガルバーニが、カエルの足について実験を行いました（図5）。皮をはいだカエルの脚の近くに、起電機（静電気を蓄える装置）

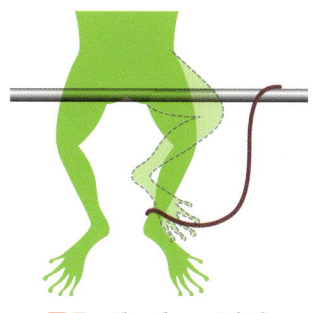

図5　ガルバーニの実験

が置かれていました。たまたま助手が起電気を放電させたときに、カエルの足にメスをあて、電気の火花が直接カエルに接触しなくても足の筋肉がけいれんを起こすのを発見しました。ガルバーニは、「筋肉の中に電気が起きて足をけいれんさせた。」と考えて動物の筋肉の中には電気があると考えました。これをガルバーニの「動物電気説」といいます。しかしその後、研究を重ねた結果、カエルが電気をもつのではなく、2種類の金属とカエルの足をつなぐことで電気が生じることがわかりました。カエルの足は、電解液の役割を果たしていたのです。その後、この研究の成果は、電池の発明へと受けつがれます。その意味で、ガルバーニは電池を発明するきっかけとなる重大な発見をしました。

　同じ頃、イタリアの物理学者ボルタはガルバーニの発見に驚嘆し、同様の実験を再現しました。また、2種類の金属を舌にのせ導線で結ぶと、苦い味がすることを発見し、研究の結果、カエルの足に電気があるのではなく、動物の体が電気を導くことによるものだと結論づけました。ボルタはいろいろな金属の2種類の組みあわせを試し、動物の体の代わりに、湿った厚紙をはさみ、電気が流れることを確認しました。

　1800年ボルタは銅と亜鉛の板に湿った厚紙をはさみ、これを直列

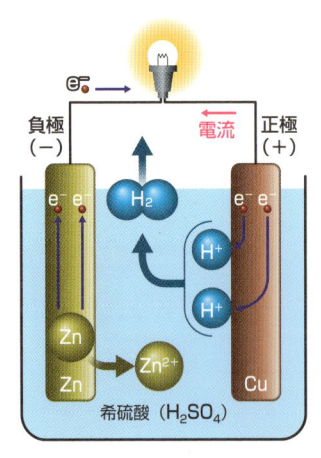

図6　ボルタ電堆

に何段もくり返して積み上げると、効果が高まることを発見しました。この装置では、ライデン瓶のように一度の放電で効果がなくなるのではなく、いつまでもくり返し効果が続くことが確認されました。この装置を「ボルタ電堆」とよびます（図6）。

ボルタはさらに、改良を重ね、銅と亜鉛を希硫酸（濃度がうすい硫酸）にひたす組みあわせがよりよいことを発見しました。これがボルタ電池です。ボルタの発見により、安定に継続的に電気をあやつることができるようになり、電気を用いた研究が発展しました。電圧の単位として知られるボルト［V］はボルタの名前が由来となっています。

しかし、ボルタ電池には欠点がありました。放電してしばらくすると、正極に水素が発生して銅板の表面を覆ったりして電圧が下がってしまう現象が起こるのです。

1836年イギリスの物理学者ダニエルは、ボルタ電池の欠点を解消するために、ガラス容器の中に素焼きの円筒を入れ、円筒には硫酸亜鉛水溶液を入れ亜鉛板を電極とし、円筒の外側には硫酸銅水溶液を入れ、銅板を電極としました。これをダニエル電池といいます（図7）。ダニエル電池では水素が発生しないため、ボルタ電池の欠点は解消され実用性が増しました。電話交換機用の電源として、日本でも明治時代ごろまで使われていました。

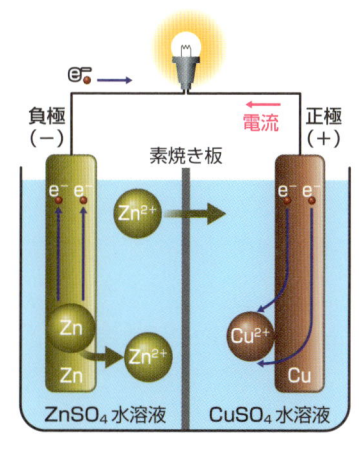

図7　ダニエル電池

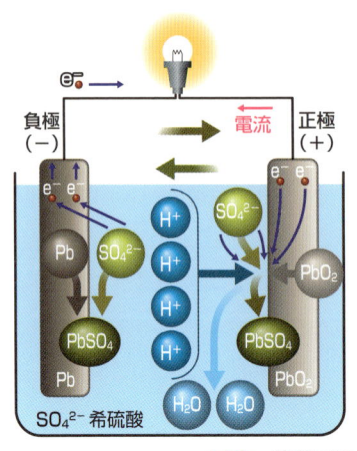

図8 鉛蓄電池とバッテリー

　1859年フランスの科学者プランテは、鉛と硫酸を用いた最初の充電可能な電池である鉛蓄電池を発明しました。その後、改良を加え電気自動車の動力源としても利用されていました。現在では、バイクや自動車のバッテリーとして使用されています（図8）。

　1866年フランスの電気技師ルクランシェは、負極に亜鉛、正極には二酸化マンガンと炭素の混合物、電解液を塩化アンモニウム水溶液をゲル状とした電池を発明しました。これは、ルクランシェ電池とよばれ、現在のマンガン乾電池の原形です。

　これまでの電池は、いずれも電解液を用いた携帯性にはすぐれないものでしたが、1887年日本の時計技師屋井先蔵は電解液を固体に吸収させることにより、日本で最初の乾電池を発明しました。

電池の分類

　化学反応を利用する電池を化学電池といいますが、さらに放電することのみが可能な電池を一次電池といいます。ボルタ電池・ダニエル電池・マンガン乾電池などが一次電池で充電することはできません。これに対して、鉛蓄電池やニッケル・カドミウム蓄電池、最近では、携帯電話やパソコンによく用いられるリチウムイオン電池などは、充電することで、くり返し利用が可能です。「蓄」という字は「蓄える」の意味で、充電

表1　いろいろな電池

実用一次電池

名称	負極	電解質	正極	電圧[V]	おもな用途
マンガン乾電池	Zn	$ZnCl_2 + NH_4Cl$	MnO_2	1.5	ラジオ 懐中電灯 リモコン
アルカリマンガン電池	Zn	KOH	MnO_2	1.5	デジタルカメラ
酸化銀電池	Zn	KOH（またはNaOH）	Ag_2O	1.55	ボタン電池として利用
空気電池	Zn	KOH（またはNaOH）	O_2	1.35	補聴器
リチウム電池	Li	$LiBF_4(LiClO_4)$	$(CF)_n (MnO_2)$	3.0	カメラ

実用二次電池

名称	負極	電解質	正極	電圧[V]	おもな用途
鉛蓄電池	Pb	H_2SO_4	PbO_2	2.1	車・バイク
ニッケル・カドミウム蓄電池	Cd	KOH	NiO(OH)	1.3	ラジコン
リチウムイオン電池	Li_xC	Liの塩	$Li_{1-x}MO_2$	3.7	パソコン

が可能であることを意味します。このような電池を二次電池または、蓄電池といいます（表1）。

　電池の電極には、一般に、イオン化傾向の異なる2種類の金属を用いると先に述べました。表1を見てなにか気がついたことはありませんか？　実用化されているおもな電池には必ずしもこのことがあてはまらないようですね。酸化還元反応により電子の流れを生じることができれば金属でなくても電極として用いることができます。実際に電子を放出したり、電子を受け取ったりする物質を電極活物質といいます。表1の正極、負極はていねいにいうと正極活物質、負極活物質です。たとえば、アルカリマンガン乾電池では、正極活物質は二酸化マンガン、負極活物質は亜鉛です。

🔋 新しい電池 ─燃料電池のしくみ─

　外部から燃料を送りこんで酸化して、その際に放出されるエネルギーを電気エネルギーとして取り出す装置を燃料電池といいます。燃料には、水素、メタノール、エタノール、メタンなどの可燃性物質を使うことができます。ただし、反応の際には触媒が重要な役割を果たし、燃料とな

る物質から水素を分離し、水素を燃料として利用します。燃料電池は宇宙船の電源に用いられています。最近では電気自動車の電池としても一部で実用化されています。

　負極に水素、正極に酸素、電解液に水酸化カリウム水溶液を用いた場合の反応は次のようになります（図9）。

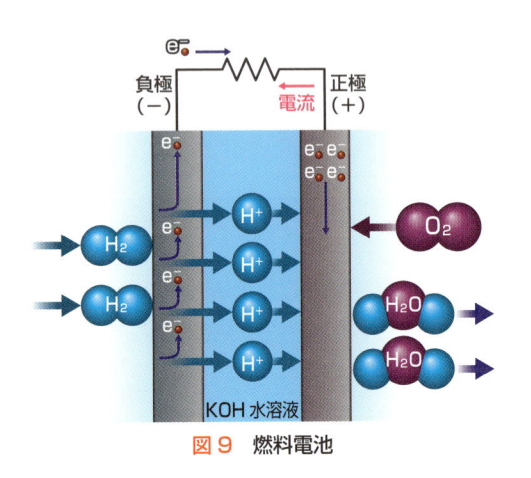

図9　燃料電池

$$
\begin{aligned}
負極：& \quad 2H_2 + 4OH^- \longrightarrow 4H_2O + 4e^- \\
正極：& \quad O_2 + 2H_2O + 4e^- \longrightarrow 4OH^- \\
\hline
まとめ：& \quad 2H_2 + O_2 \longrightarrow 2H_2O
\end{aligned}
$$

　これらの反応をまとめると、結局、水素2分子は酸素1分子と化合して水2分子を生じたことになります。その際に、化学エネルギーの一部を電気エネルギーに変換することができます。起電力は約1Ｖです。

　燃料電池では、燃料を酸素と化合させ、つまり燃焼させ、その際に出る熱によって発電機を回して発電する方法にくらべて効率が高く、有毒な排ガスを生じず、装置も比較的簡単であるなどの利点があります。そのため、灯台や宇宙船の発電装置として使われており、携帯電話・ゲーム機・パソコンへの応用も注目されており、未来のクリーンエネルギーといえます。

　ただし、燃料電池は今のところ値段が高く、実際の利用については燃料電池の周辺機器の設置費用が必要になるなど、誰でもが手軽に利用で

きる状況ではありません。また、家庭用燃料電池の燃料にはガスを使いますが、もし停電になったらどうなるのでしょうか。燃料電池はガスで発電するのだから大丈夫だと思いますよね。ところが発電の際には一定の電力を消費するため、停電の際には使うことができません。

　では、自動車の場合はどうでしょうか。自動車が走りまわるためには燃料である水素を積んでおく必要があります。水素は常温では気体で、条件によっては爆発する危険性があります。このような物質を車に積むための方法について、いろいろと研究されている段階です。また、安全に貯蔵することができるようになったとして、燃料の水素をどうやって補充するのでしょうか。ガソリンエンジンの車にはガソリンスタンドで給油するように、燃料電池車には水素スタンドが必要になります。本格的な実用化に向けては安全な水素の貯蔵法の研究と水素スタンドの設置が必要です。

　また、燃料電池には触媒として貴金属の白金が必要ですし、燃料電池にも寿命があるので、廃棄のしかたにも配慮することが望まれます。

コラム　「電池をつくって電子オルゴールを鳴らす」

1. 画用紙などの厚紙をはさみで 10 円玉の大きさに切り取り、3 枚用意する。大きいととなりの紙と接触しうまく電流が流れず失敗する。10 円硬貨大の銅板と 1 円硬貨大のアルミニウム板を 3 枚ずつ用意する。
2. コップに食酢 10 mL と食塩小さじ 1 杯、オキシドールがあれば少々を入れてよく混ぜる。
3. 「10 円硬貨大の銅板→紙→1 円硬貨大のアルミニウム板」の順に重ねる。これを 3 セット重ねてしっかりはさんで、2 で用意した液にひたしてから取り出す。これで電池ができている。
4. アルミニウム板側が負極（マイナス）、銅板側が正極（プラス）になるように IC メロディなどをつなぐと鳴らすことができる。さらにこの 3 枚セットを重ねると電圧が上がる。

13 長さ

―ものの長さはどうやってはかるの？―

　身のまわりの物体には長さがあります。原子・分子のような微小なものの長さから、地球から月までの距離のような大きな長さまでさまざまです。ものの長さを体感してみましょう。

■ 長さくらべと表示方法

　長さの世界標準の単位はm（メートル）で、最初は地球の子午線の長さを基準に決められた値です。

　日常生活では、1mの1000分の1を表すmm（ミリメートル）や100分の1を表すcm（センチメートル）、また1000倍を表すkm（キロメートル）を使っています。表1に長さの一例をあげます。

　この値を比較するために、一直線の上に並べると、図1のようになります。

　図1は見ただけで大きさのちがいがわかる表ですが、左側にデータが集中し、右側は空欄が目立ちます。このような値のばらつきが大きいデータを1つにまとめて表すには対数を使うと便利です。100分の1、10分の1、10倍、100倍を、対数では10^{-2}、10^{-1}、10^1、10^2

表1　身近なものの長さ

長さ	もの
0.08 mm	髪の毛の太さ（日本人の平均値）
1.2 mm	CDの厚さ
2 cm	1円玉の直径
12 cm	ふつうのCDの直径
4.7 m	乗用車のおおよその長さ
24.5 m	新幹線の客車の長さ（N700系）
37.24 m	スペースシャトル（オービタ）の全長
634 m	電波塔スカイツリーの高さ
3.93 km	一里（1時間で歩ける距離）
42.195 km	フルマラソンの走行距離
552.6 km	東京－新大阪の新幹線での距離

長さ

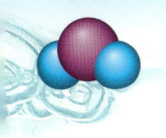

と表します（10^0は1です）。この対数を使って先ほどのデータの単位をすべてメートル表示で並べると図2のようになります。

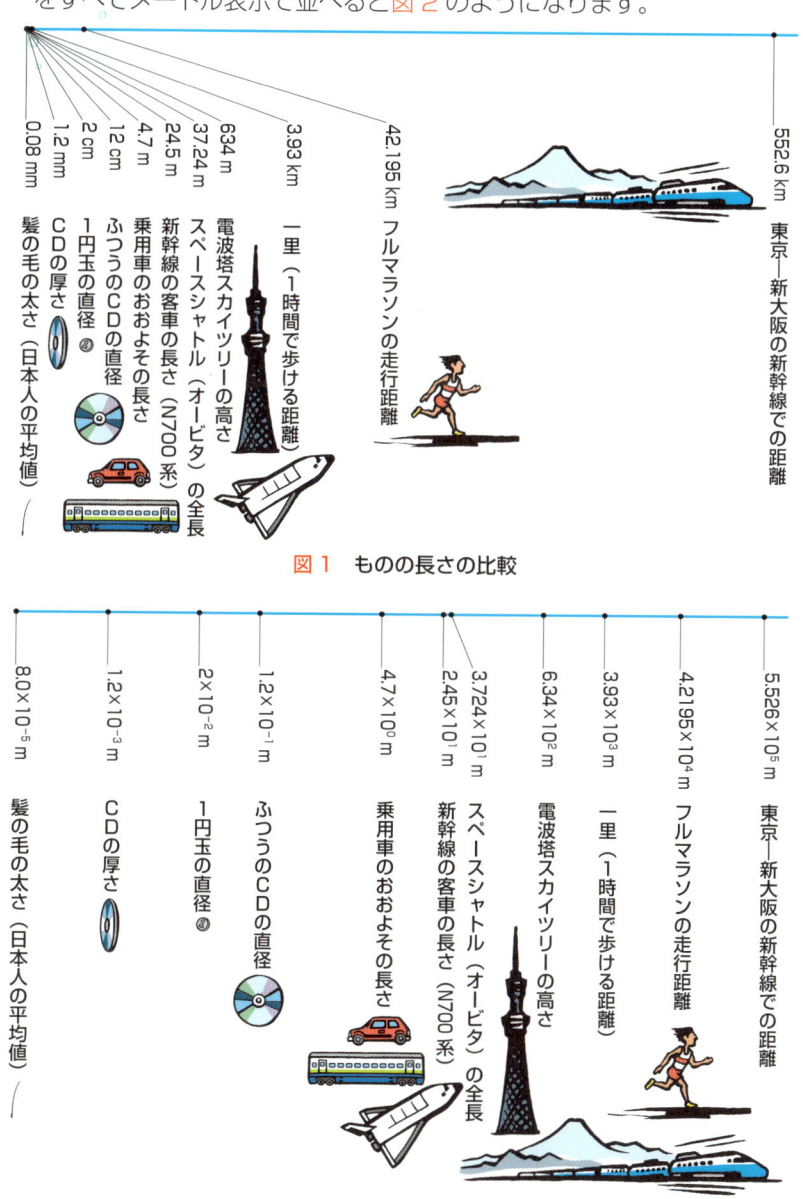

図1 ものの長さの比較

- 0.08 mm 髪の毛の太さ（日本人の平均値）
- 1.2 mm CDの厚さ
- 2 cm 1円玉の直径
- 12 cm ふつうのCDの直径
- 4.7 m 乗用車のおおよその長さ
- 24.5 m 新幹線の客車の長さ（N700系）
- 37.24 m スペースシャトル（オービタ）の全長
- 634 m 電波塔スカイツリーの高さ
- 3.93 km 一里（1時間で歩ける距離）
- 42.195 km フルマラソンの走行距離
- 552.6 km 東京—新大阪の新幹線での距離

図2 ものの長さの対数による比較

- 8.0×10^{-5} m 髪の毛の太さ（日本人の平均値）
- 1.2×10^{-3} m CDの厚さ
- 2×10^{-2} m 1円玉の直径
- 1.2×10^{-1} m ふつうのCDの直径
- 4.7×10^0 m 乗用車のおおよその長さ
- 3.724×10^1 m スペースシャトル（オービタ）の全長
- 2.45×10^1 m 新幹線の客車の長さ（N700系）
- 6.34×10^2 m 電波塔スカイツリーの高さ
- 3.93×10^3 m 一里（1時間で歩ける距離）
- 4.2195×10^4 m フルマラソンの走行距離
- 5.526×10^5 m 東京—新大阪の新幹線での距離

73

データが均一に表示され、見た感じがよくなります。表やグラフの数値を読み取るときは、どのような目盛りになっているか注意する必要があります。

対数表示をもとに、「髪の毛の太さは 10 の －5 乗のオーダー」とか、「フルマラソンの距離は 10 の 4 乗のオーダー」とか、「新幹線の客車の長さとスペースシャトルの全長は同じオーダー」という表現をします。

長さの感覚をもつ

地球はほぼ球形ですが、正確には極方向の半径は約 6357 km、赤道方向の半径は 6378 km で扁平な形をしています（→『マイ ファースト サイエンス よくわかる宇宙と地球のすがた』75 ページ参照）。また地球には山脈や海溝があり、表面は凸凹になっています。世界一高い山はエベレストで海抜約 8848 m の高さ、世界一深い海溝はマリアナ海溝で海面下 10920 m の深さです。これらの値を考慮して地球の断面を描くと図3のようになります。

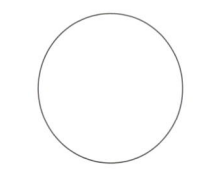

図3 "ほぼ"球形の地球

ただの円にしか見えませんが、地球の極方向の半径と赤道方向の半径の差約 21 km は、地球の平均半径約 6370 km に対して約 0.003 ％の値です。つまり半径 1 cm の円を髪の毛の太さよりもっと細い 0.003 cm（＝ 0.03 mm）の幅の線で描いても、その線の幅の中に、地球の扁平の様子も、山脈や海溝による地球の凸凹もみんな入ってしまいます。実際この図は半径 1 cm の円を幅約 0.15 mm の線で描いています。

身長や駅までの距離のように自分が生活している範囲の長さなら実感できますが、自分の生活範囲をこえた長い長さや、逆に短い長さはなかなか実感できないものです。その中で長さの感覚を身につける方法は、数値と映像を対応して覚えることが有効です。地球から月までの距離は約 38 万 km、それに対してスペースシャトルの飛行高度は 300～400 km くらいで、これは東京－名古屋もしくは京都間の長さを縦に

図4 月面探査衛星「かぐや」から見た地球
(© JAXA/NHK)

図5 スペースシャトルから見た地球
下に写っているのは国際宇宙ステーション
(出典：NASA)

したくらいの高度です。月から地球を見ると、地球全体を見ることができますが、スペースシャトルからは地球の全体像を見ることはできません（図4、図5）。

　地球の大きさ、スペースシャトルの高度、月までの距離の値と合わせて、このような映像がイメージできれば、日常生活で使わない長さも実感できると思います。

■ 大きい長さはどうやってはかるの？

　長さをはかる道具は"ものさし"ですが、ものさしを当ててはかれな

い長さ、たとえば月までの距離をはかる方法として、いくつかの測定方法があります。

　1つは角度を測定する方法です。三角形の角度と長さの関係は数学の三角比や三角関数で明らかにされているので、図6のように地球の2点から月の1点を見たときの角度（視差）を測定し、月までの距離が算出できます。月までの長さ r と、地球の半径 R の比は、角度 θ に対応して常に一定の値になります。したがって地球の半径 R がわかれば簡単な比の計算で算出することができるのです。この計算をするにあたり地球の半径の数値が必要になりますが、地球の大きさも角度を測定することで求められています。

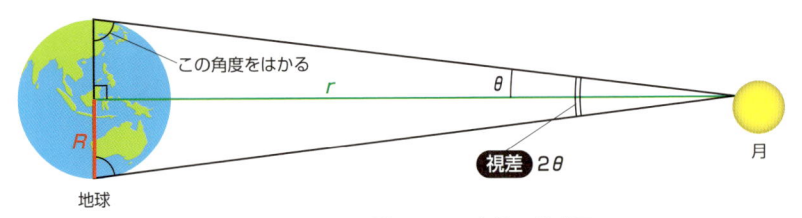

図6　月までの距離をはかる方法の模式図

実際の測定では、図のように地球の直径を使った測定は難しく、国の領土の中での視差を使って測定が行われた。月の軌道が楕円であることもふくめ、視差の測定の誤差もあり、精度の高い測定は行われなかった。

　ほかの方法として、光の反射を使う方法があります。壁に向かって手をたたくと、その反響音がおくれて返ってくるように（→86ページ参照）、月に向かって光を送り、その光が月面で反射してもどるまでの時間を測定します（図7）。

図7　光を使って距離をはかる

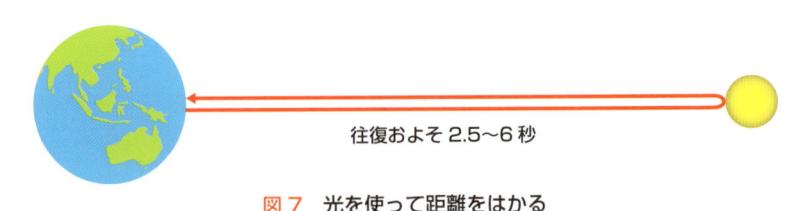

往復およそ2.5〜6秒

光が月面で反射してもどる往復の距離 ＝ 光の速さ × かかった時間

という計算で月までの距離を算出することができます。

　月面で光を反射させるには鏡が必要ですが、かつて月面着陸したアポロ宇宙船が月面に鏡を設置してきています（図8）。

図8　月面に置かれたレーザー光反射装置
（出典：NASA）

小さい長さはどうやってはかるの？

　小さい長さを測定する身近な道具としてマイクロメーターがあります。

　左側に測定したいものをはさみ、右側の円筒を回転させると、しだいに左の部分がせばまり、一定圧力になるとそれ以上閉まらない構造になっていて、0.01 mm、つまり毛髪の太さのオーダーまで測定できます（図9）。

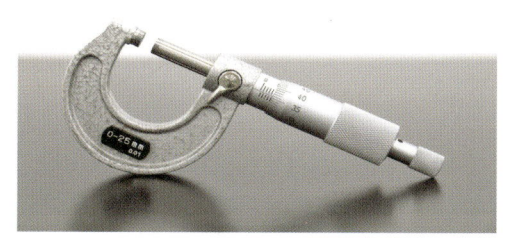

図9　マイクロメーター

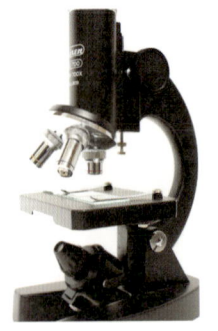

図10 顕微鏡

（細胞写真提供：福地孝宏　http://www.ons.ne.jp/~taka1997/education/science/index-biology/index.html）

　もっと小さなものを見るものに顕微鏡があります（図10）。

　1 mmの間隔で線を引き写真に撮り、それを10分の1に縮小し透明なフィルムに印刷し、そのフィルムの上にたとえばタマネギの薄皮をのせて顕微鏡で見るとタマネギの細胞と引いた線がいっしょに見えます。線の間隔は1 mmを10分の1に縮小したので、0.1 mm＝100 μm（マイクロメートル）です。この線をもとにタマネギの細胞の大きさをはかることができます。個体差があるので一概にいえませんが、タマネギの細胞の大きさは長いほうで数百μmのオーダーです。

　原子・分子のもっと小さな世界の長さは、理論と実験によって算出します。

　原子は電子顕微鏡を使っても見ることはできません。しかし、原子は電子と原子核からできていること、そして原子核は原子の中心にあり、原子全体から見れば非常にせまいところにぽつんと原子核があることがわかっています。

　19世紀から20世紀にかけ、物質をつくる基本粒子として原子があり、原子は負の電気をもつ部分と正の電気をもつ部分からできていることが明らかになりつつありましたが、原子の構造はまだ解明されていませんでした。

　ラザフォード（1871～1937年）は、助手のガイガーとマースデンが行った、放射線の1つであるアルファ線（ヘリウムの原子核）を金箔にあてる実

Ernest Rutherford

78　よくわかる身のまわりの現象・物質の不思議

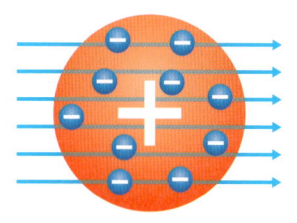

図11 原子が均一な構造になっている場合のアルファ線の散乱の様子

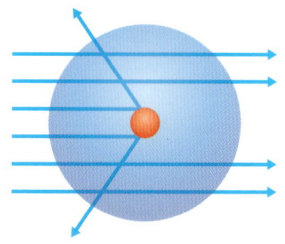

図12 原子の中心に質量が集中した部分（＝原子核）がある場合のアルファ線の散乱の様子

験結果から、原子の中心に非常に質量が集中した部分（＝原子核）があることを推論しました。それは、原子が均質なものであるならば、金箔に照射されたアルファ線はどれも同じように金箔をすり抜けるはずなのに（図11）、一部のアルファ線が入射した方向にはね返されるものがあることから（図12）、原子の中心に質量が集中した部分があると推理しました。

ラザフォードは、このアルファ線の散乱実験の結果から、原子核の大きさを10^{-14} mであると算出しました。その後の研究で、原子の大きさ（つまりその原子を構成する電子が存在する範囲）に対し、原子核の大きさはおおよそ10万分の1程度であることがわかってきました。よく原子の構造の説明として図13のような絵が使われますが、実際は半径1 cmの円を描いたらその中心に0.00001 cmの点を打つ（印刷では見えません）ことになり、原子を地球にたとえれば、地球の中心に東京ドームを置いたくらいの比率になります。

図13 原子の大きさに対する原子核の大きさ

14 質量

― ものの重さはどうやってはかるの？―

　身のまわりの物体はすべて質量をもっています。原子・分子のような微小なものの世界から、宇宙のような広大な世界まで、そこに存在する物質は大きさと質量をもっています。

■ 重さと質量

　"重さ"と"質量"という言葉は日常生活では区別されずに使われています。しかし科学の世界では"重さ"と"質量"は区別して使っています。

　スペースシャトルや国際宇宙ステーションの映像で、物体がふわふわ浮かんでいる光景を見かけます。これは地上とちがって、地球のまわりを回るスペースシャトル内では見かけ上、重力がはたらかない状態になっているからです。重さとは物体にはたらく重力の大きさなので、スペースシャトルの中の物体の重さは0であるといえます。しかし物体の質量がなくなったわけではなく、地球にもどってはかれば、ふつうに重さを測定することができます。

　たとえば、質量60 kgの人が軌道を回るスペースシャトルの中で体重をはかれば0となり、地球上ではかれば60 kgに相当する値になります。はかりの単位に［kg］と書いてあるので混乱しがちですが、正確に表現すると「重さ60 kg」とは「質量60 kgの物体にはたらく重力の大きさ」ということになります[*1]。ちなみに月での重力は地球の1/6になるので、地球上で使っている体重計を月で使うと、10 kgの値をさします（図1）。

図1　ヒトの重さ

■ 質量の基準と測定

　かつて質量の基準には水が使われ、温度などを指定された条件下での

質　量

　水1Lの質量が1kgと決められました。現在はもっと普遍性、厳密性が要求され、別の定義がなされています*2。

　質量をはかる器具として、ばねの変形を使ったはかり（図2）、天びんのつり合いを使ったはかり（図3）、力センサーなどを使った電子式のはかりがあり、現在は電子式のはかりが主流になっています。

図2　ばねを使った上皿自動はかり

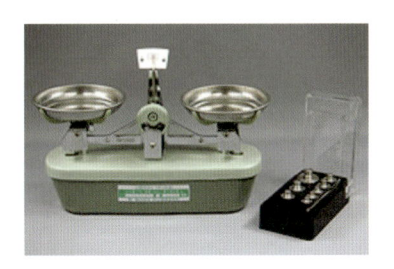

図3　上皿天びん
（提供：株式会社村上衡器製作所）

　これらのはかりを使って直接測定できる大きい値は10トン［t］くらいで、車の積載重量をはかる車両重量計で測定できます（図4）。また小さい値は分析用電子天びんを使って、最小0.0001gまで測定できます（図5）。ともに電子式の天びんです。

図4　車両重量計（トラックスケール）
（提供：株式会社田中衡機工業所）

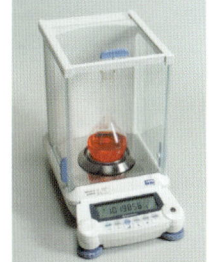

図5　分析用電子天びん
（提供：株式会社島津製作所）

＊1　重さを表す単位にkgを使うのは誤りで、正しくはkgw（もしくはkg重）やkgfという単位を使う。重力は力なので、理科の教科書では重さを表す単位に力の単位であるN（ニュートン）を使っている。
　　　質量1kgの物体の重さ＝1kgw（＝1kg重＝1kgf）＝約9.8Nである。

＊2　質量の単位「キログラム（kg）」は、「国際キログラム原器（直径、高さとも約39mmの円柱形状で、白金90％、イリジウム10％の合金製）の質量」と約束される。長さや時間などは普遍的な物理量で定義されているが、人工物に基づいて値が定義されているのはキログラムだけである。

象の質量をはかる

漢文とは、漢字で書かれた中国の昔の話ですが、その中に倉舒称象というものがあります。

前半の内容は、「王様の子で倉舒（196～208年）という、幼いながら非常に聡明な者がいた。あるとき、王様に呉の国の王から象が贈られた。王様は象の重さが知りたくて、部下に象の重さをはかるうまい方法はないかと聞いたが、誰も答えられなかった。そのとき倉舒がこう言った…」という内容です。

現代ならトラックの重さまではかれる測定器があるので、象の重さをはかるのは簡単ですが、当時は電子式のはかりがないのはもちろん、ばねを使ったはかりもなく、象をのせてはかれるほど大きな天びんもありません。どうしたら象の重さを測定できるでしょうか。

倉舒称象の後半です。「（どうすればよいか部下が答えを出せないとき）、倉舒は象を船にのせ、どのくらい沈むか水の跡を確かめ、象を降ろしたあと、同じ水位になるように物を入れ、その重さをはかればよいと答えた」という話です（図7）。

鄭哀公沖字倉舒、武帝子。少聡察岐嶷、五六歳有若成人之智。時孫権曽致巨象。太祖欲知其斤重、訪之群下、莫能出其理。沖曰、置象大船之上、而刻其水痕所至、称物以載之、則校可知矣。太祖大悦、即施行焉。

図6　倉舒称象

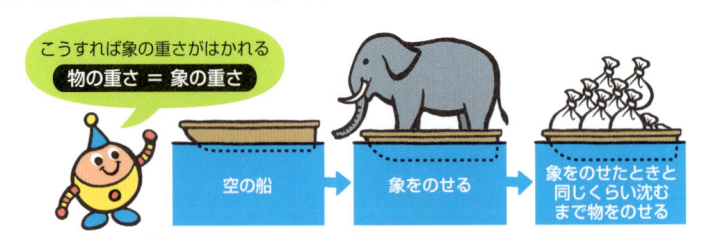

図7　象の重さをはかるには

こうすれば象の重さがはかれる
物の重さ ＝ 象の重さ

空の船 → 象をのせる → 象をのせたときと同じくらい沈むまで物をのせる

地球の質量

地球の質量は約 5.972×10^{24} kg とされています。天びんで地球の質量をはかるのは不可能ですから、地球の質量をはかるにはなにかくふうが必要です。

ニュートン（1642～1727年）は木からリンゴが落ちるのを見て万有引力を発見したという逸話があります。リンゴが地面に落ちるのはリンゴに重力がはたらくからという単純なことではなく、リンゴが落

ちるのも惑星が公転運動するのも「質量をもつものどうしには引力がはたらく」という自然の本質的な法則が成り立っていることをニュートンは発見しました。

質量 m [kg] のリンゴと、質量 M [kg] で半径 R [m] の地球との間にはたらく万有引力 F は

$$F = \frac{GmM}{R^2}$$

（G は万有引力定数）です。

またリンゴにはたらく重力 F [N] は

$$F = mg$$

（g は重力加速度とよばれる値で9.8 m/s²）です。

地球の質量を天びんではかることは不可能ですが、リンゴにはたらく万有引力＝重力*として計算すると、地球の質量（約 5.972×10^{24} kg）が求まります。

万有引力定数 G の値は、キャベンディッシュ（1731～1810年）が、なんと2つの鉛が引き合う微弱な力を測定して求めています。

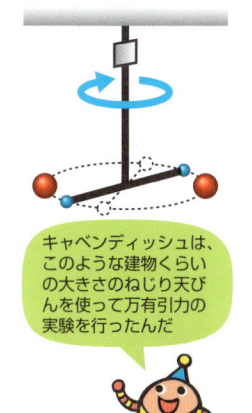

$$mg = \frac{GmM}{R^2}$$

重力　万有引力

M を求めるには…

$$M = \frac{gR^2}{G}$$

図8　地球の質量をはかる

キャベンディッシュは、このような建物くらいの大きさのねじり天びんを使って万有引力の実験を行ったんだ

電子の質量

電子は物質を構成する基本粒子で、質量は非常に小さく、その値を測定するにはやはりくふうが必要です。

電子を強さが均一な磁界に直角に入射すると、電子は円運動をします。この円運動の速度と半径を測定することで、電子の電荷 e [C]（→ 126ページ参照）と質量 m [kg] の比、e/m の値が求まります。この測定とは別にミリカンの油滴実験とよばれる実験から電子の電荷 e を測定することができ、2つの実験結果から、電子の質量（m ＝ 約 9.11×10^{-31} kg）を求めることができます。

* 正確には、重力は万有引力と地球の自転による遠心力の合力だが、遠心力による影響は小さいものと判断して計算している。

15 速さ

― 速さはどうやってはかるの？―

　速さは、ある距離をどのくらいの時間で動くか測定して求めます。決まった距離をいちばん短い時間で通過したものがいちばん速いことになりますが、いろいろな物体の速さをくらべる場合は、一定の時間でどのくらい遠くまで動けるか、その距離をくらべるほうが便利です。

■ 速さのくらべ方

　私たちはふだん速さをくらべるのに2つの方法を使っています。
　1つは100m走のように決められた距離をどれだけ短い時間で走るかで速さをくらべる方法です。もう1つは「時速60km」のように1時間という決められた時間でどのくらいの距離を移動できるかをくらべる方法です。レースのように同じコースで競争できないものの速さをくらべるときは、後者のように一定時間で移動できる距離をくらべる方法が便利です。

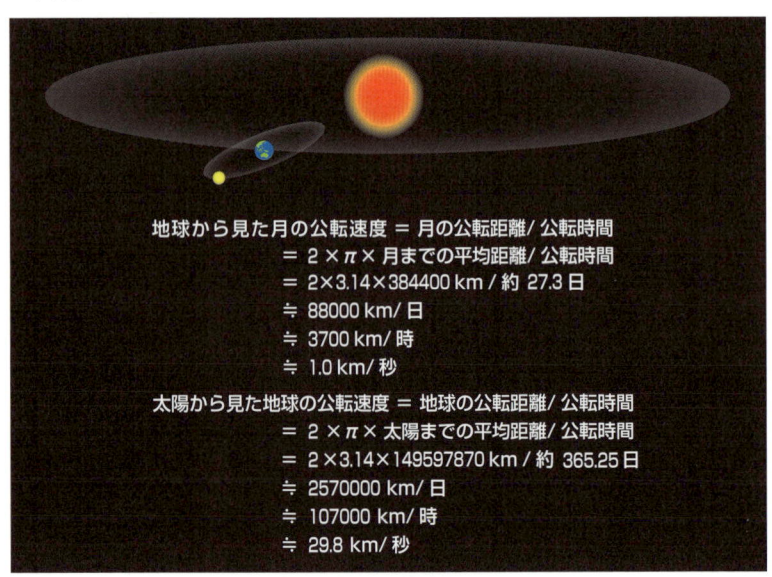

地球から見た月の公転速度 ＝ 月の公転距離／公転時間
　　　　　　　　　　　　＝ 2×π×月までの平均距離／公転時間
　　　　　　　　　　　　＝ 2×3.14×384400 km／約 27.3 日
　　　　　　　　　　　　≒ 88000 km／日
　　　　　　　　　　　　≒ 3700 km／時
　　　　　　　　　　　　≒ 1.0 km／秒

太陽から見た地球の公転速度 ＝ 地球の公転距離／公転時間
　　　　　　　　　　　　＝ 2×π×太陽までの平均距離／公転時間
　　　　　　　　　　　　＝ 2×3.14×149597870 km／約 365.25 日
　　　　　　　　　　　　≒ 2570000 km／日
　　　　　　　　　　　　≒ 107000 km／時
　　　　　　　　　　　　≒ 29.8 km／秒

図1　公転速度を求める

速さ

たとえば、地球のまわりを回っている月の公転速度と、太陽のまわりを回っている地球の公転速度をくらべたら、どちらが大きいでしょうか。月や地球の軌道は正円ではなく、公転速度は一定値をとりませんが、正円軌道を一定の速さで動くものとすると、太陽から見ると地球は秒速 29.8 km くらいで太陽のまわりを公転し、地球から見ると月は秒速 1.0 km くらいで地球のまわりを公転していると計算できます（図1）。数値だけ見ると地球のほうがはるかに大きな速さで動いているように感じますが、どこから見るかということに注意が必要で、太陽から月を見ると、月は地球のまわりを動いているので、月もほぼ地球と同じ速さで太陽のまわりを回っているといえます。

スピードガン

野球の放映でピッチャーの投げるボールの速さが瞬時に表示されることがあります。ボールの速さの測定にはスピードガンとよばれる測定器が使われています（図2）。

速度は距離と時間を測定すれば計算できますが、スピードガンは電波（→ 146 ページ参照）を使って速度を測定します。静止している物体に電波を当てると、当てた電波と同じ振動数の電波が反射されますが、物体が動いていると、その速度に応じて反射される電波の振動数が変化します（図3）。その変化の大きさで物体の速度を測定する装置がスピードガンです。

図2　スピードガン
（提供：ミズノ）

静止しているとき　　物が左に動いているとき

図3　反射による振動数の変化

音の速さの測定

　音は秒速約 340 m くらいの速さで伝わります。音波の速さを簡単に測定する方法は、壁に向かって手をたたき、その反射音を聞くのと同時に、反射音にかぶせるように再び手をたたくことをくり返し行い、1 回手をたたくのにかかる時間を測定します。この時間は、音が出て、壁で反射し、再びもどってくるまでの時間なので、壁までの距離の 2 倍の値を手をたたく時間で割れば、音の速度が計算できます（図 4）。

図 4　音の速さをはかる

壁までの距離 ℓ
耳に届くまでの時間 t

音の速さ $= \dfrac{2\ell}{t}$

割り算の意味と単位

100 m を 10 秒で走るランナーの速さは

$$\dfrac{移動距離}{時間} = \dfrac{100\,\mathrm{m}}{10\,秒} = \dfrac{10\,\mathrm{m}}{1\,秒} = 10\,\mathrm{m}/秒$$

と計算できます。ここで $\dfrac{10\,\mathrm{m}}{1\,秒}$ と書いたのは、1 秒間で 10 m 進むことを強調して表現したかったからです。割り算には分母を 1 にするという意味もあります。

　リンゴ 1 袋 1000 円を 1000 円 / 袋と表したり、お肉 100 g あたり 300 円を 300 円 /100 g と表します。これと同じように速さの単位は、1 時間あたりとか 1 秒間あたりに移動する距離を表しています。

光の速さの測定

　光の速さは、秒速 30 万 km です。地球 1 周は約 4 万 km なので、光は 1 秒間に地球を 7 周半する速さです。「いち」と数える間に地球を 7 周半もする光の速さも、測定することができます。何人かの科学者が光の速さの測定で名を残しており、その 1 人にフランスのフィゾーがいます。

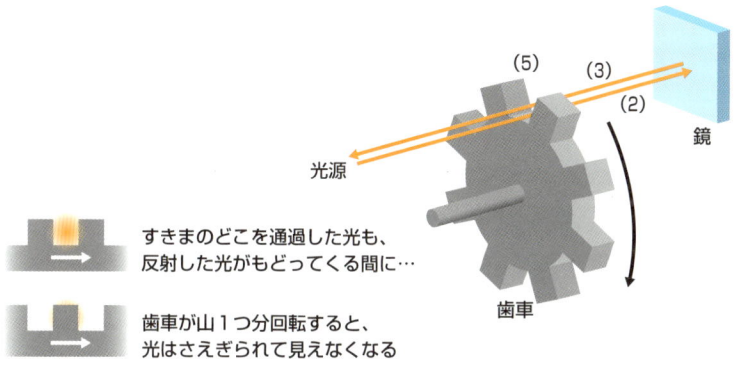

図5 光の速さをはかる（模式図）

　フィゾーは1849年、図5のような回転する歯車を使い光の速さの測定に成功しています。その測定原理は次のとおりです。
（1）　光源から出た光を歯車のすきまを通るようにします。
（2）　歯車のすきまを通った光は先に設置した鏡で反射させます。
（3）　反射した光は再び歯車のすきまにもどります。
（4）　この反射した光を、歯車の手前で観測します。
（5）　歯車を回転させ、その回転速度を上げていくと、
　①　回転速度が小さいうちは、歯車のすきまを通る光が見えたり、歯車にさえぎられ光が見えなかったりします。
　②　回転数を上げ、光が行ってかえってくる間に、ちょうど山1つ分歯車が回転すると、歯車のすきまを通った光が反射してもどってきたとき、歯車の山にさえぎられて、反射光は完全に見えなくなります。
（6）　この歯車の回転数から、光の往復時間が求まり、それで光が往復する距離を割れば、光の速度が求まります。

　フィゾーの実験では、720の歯をもつ歯車が使われました。円の中心角が360度ですから、非常に細かい歯の歯車といえます。また歯車から反射鏡までの距離は、図では短く見えますがじつは8.63kmで、光を減衰させずに往復させる光源とレンズの技術、光を正確に反射させる技術はすばらしいものです。

16 滑車・輪軸・てこ
―力を小さくするにはどうすればよいのだろう？―

　ピラミッド、城壁、宮殿など、現代のような建設機械がなかった時代につくられた大規模な建築物が世界に残っています。小さな力で重いものを動かすくふうとして、滑車やてこや斜面が利用されてきました。

🟦 定滑車

　「朝顔につるべ取られてもらい水」（加賀千代女）という俳句があります。

　水道のない時代、電動機械のない時代、人々は井戸から水をくみ上げて使っていました。"つるべ"とは井戸水をくむために、縄などの先につけて水をくみ上げる桶のことで、「井戸で水をくもうとしたら、朝顔がつるべのところに巻きついていた。朝顔を切るのはかわいそうなので、隣の家に水をもらいにいった」という意味です。

図1　井戸

　図1で、ロープの上についているのが定滑車です。

　滑車は、上向きに水の入った桶を引き上げるために、下向きにロープを引くというように、力の方向を変える道具です。図2のように、ロー

図2　ロープを使うと楽になる

滑車・輪軸・てこ

プを使って直接水をくみ上げる方法と、滑車を使ってくみ上げる方法をくらべると、桶を引き上げる力の大きさはほぼ同じですが、ロープを引く向きがちがい、下向きに引くほうが体重をかけられるので楽に水をくみ上げることができます。

■ 人は自分ののった台をもち上げられるか

　図3のように、台の上にのった人は、滑車を通したロープを引くことで自分がのった台をもち上げることができるでしょうか。

　これは人と台の質量が問題で、人の質量にくらべ台の質量が小さければもち上げることができますが、人の質量より台の質量のほうが大きいと、人は台をもち上げることはできません。なぜならば、人がロープにぶら下がる場合を考えてください。この場合、人の質量に応じた力がロープを通じて台にかかります。台が人より軽ければ台はもち上がりますが、台が人より重ければ台はもち上がりません。

M>mならば台はもち上がる

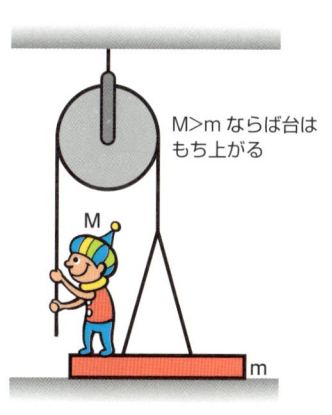

図3　定滑車

■ 動滑車

　定滑車が天井や壁に固定して使われるのに対し、図4のように固定されずロープを引くと動く、動滑車とよばれる滑車があります。動滑車では2本分のロープで滑車を支えることになるので、ロープや滑車の重さが無視できれば、図で質量Wの物体を支えるのに、ロープを引く力は半分のW/2ですみます。

ロープを引く力＝$\frac{W}{2}$

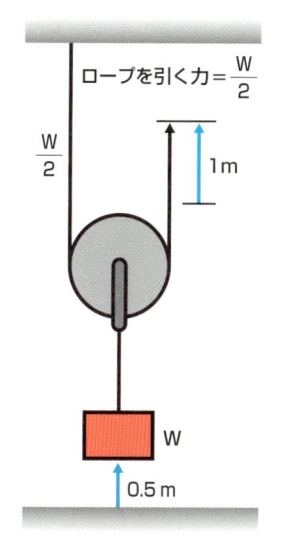

$\frac{W}{2}$　　1m

W　0.5m

図4　動滑車

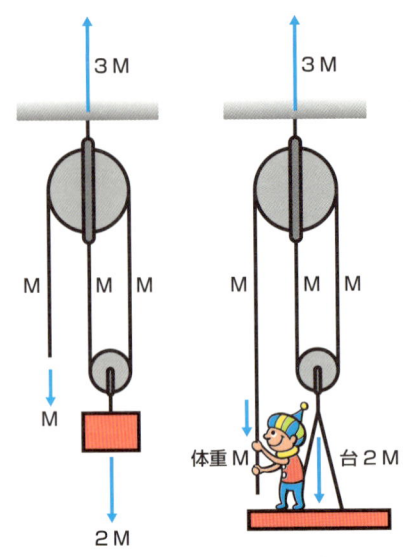

図5 定滑車と動滑車の組み合わせ

　実用的には、定滑車と動滑車を組み合わせた図5のような滑車が使われます。この動滑車を使うと、ロープを引く力が半分ですむので、上の問題で台の質量が人の質量の2倍になっても、人は台をもち上げることができます。

　動滑車を何個も組み合わせれば、小さな力でも重いものを持ち上げることができます。図6は動滑車を3個組み合わせたものとその説明図です。定滑車だけの場合にくらべ1/6の力ですみます。

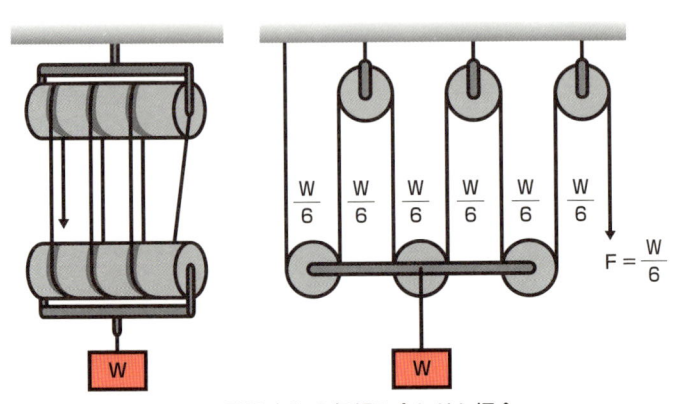

図6 動滑車と3個組み合わせた場合

輪軸

　２人でバットの先と根元をもち、それぞれバットを反対方向に回し、力くらべをします（図７）。少しくらい筋力が弱くても、たいてい、バットの先のほうをもった人が勝ちます。これは回転させようとするはたらき（力のモーメントといいます）が、回転軸からの距離とその方向に直角な力の積に関係するからです。

　滑車に似た形状で、大きな滑車と小さな滑車を組み合わせた輪軸というものがあります。図８のように、小さな滑車にロープを固定し、そのロープの他端に荷物を結び、大きい滑車に固定されたロープを引くと、バットを回すのと同じ原理で、重い荷物を小さな力でもち上げることができます。

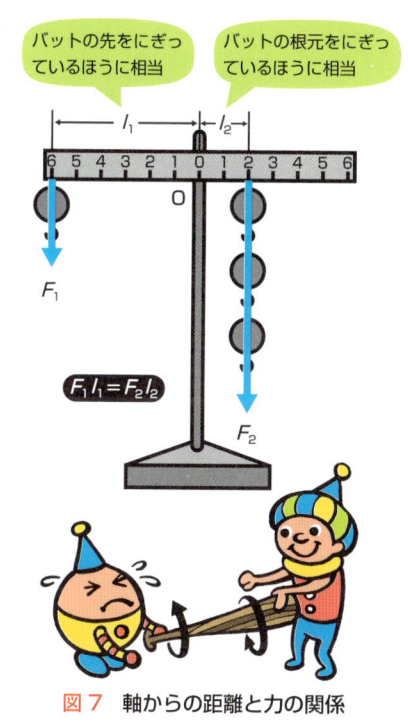

(figure labels: バットの先をにぎっているほうに相当／バットの根元をにぎっているほうに相当／$F_1 l_1 = F_2 l_2$)

図７　軸からの距離と力の関係

　変速ギアつきの自転車の後輪を思い出してください。タイヤが大きな滑車、ギアが小さな滑車に対応するので、チェーンをいちばん小さなギアにかけたとき、ペダルを回すのにより大きな力が必要です。

輪軸
（提供：ケニス株式会社）

自転車のギア

ドライバー

図８　輪軸の例

■ てこ

輪軸と同じ原理で、回転軸からの長さを大きくすることで、小さな力で重い物体を動かす道具として、てこがあります。図9のように動かしたい物体から支点までの距離を短くとり、逆に支点から力点までの距離を長くすると、小さな力で重い物体を動かせます。

てこの原理を使った具体的な道具として、くぎ抜きや栓抜き、また遊具としてシーソーがあげられます（図10）。

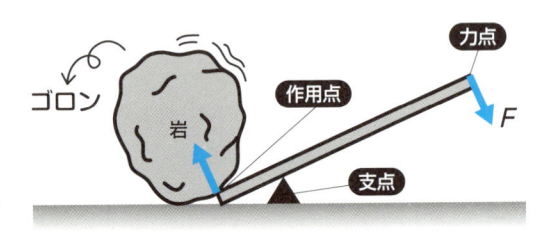

図9　てこの原理

岩にはたらく力 × 支点から岩までの距離 ＝ 力 F × 支点から力点までの距離

図10　てこの原理を使った道具

■ 仕事の原理

滑車やてこを使うと、小さな力で重い物体を動かすことができますが、小さい力ですむ分、ロープを引く距離が長くなるので、結局、滑車などの道具を使っても使わなくても、消費するエネルギーは変わりません。このことを「仕事の原理」といいます。

斜面に沿って物体をもち上げても、直接物体をもち上げても消費する

図11 仕事の原理

エネルギーは同じですが、物体を引く力が少なくてすむ斜面を利用して動かすほうが、人間にとっては楽な方法だと思います。

コラム 「男坂・女坂」

　神奈川県伊勢原市の大山は、大山参りの言葉のとおり信仰の山で、観光や登山で訪れる人でにぎわっています。この登山道の一部は途中で2つに分かれていて、それぞれ男坂、女坂とよばれています。

　男坂は「距離は短いが急な登りの連続するコース」であるのに対し、女坂は「距離は長いがゆるやかな登り坂が多いコース」になっています。仕事の原理で考えると、どちらのコースをとっても消費エネルギーは同じですが、筋力を使ってぐいぐい登っていくか、持久力を使ってゆっくり登っていくかは好みが分かれるところです。男坂・女坂はたとえば京都の知恩院など全国の寺社で見つけることができます。

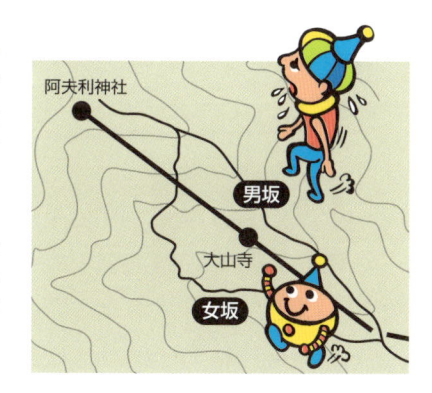

物理／化学部 「機械的物性」ほか

17 力

― 物体に力がはたらくとどうなる？ ―

　物理であつかう"力"は、日常生活で使っている"力"という言葉の意味と少しちがっています。また物理であつかう力もいろいろな種類に分類できます。力は運動と密接に関連します。

🔍 力ってなに？

　力という言葉は、誰に教わるともなく覚え使っています。日常生活では「力」という言葉を、「パワーのこと」とか「エネルギーのこと」とか「なにかできるもの」などいろいろな意味で使うことが多く、重力、電力、体力…など、"力"のつく言葉がたくさんあります。

　物理では「物体を変形させたり物体の運動の状態を変えたりする原因となるもの」を「力」とよび、エネルギーやパワーとは区別して使っています。

　語尾に"力"がつく言葉をあげ分類すると、以下のようになります（図1）。

① 物理で力としてあつかうもの
重力、万有引力（ばんゆういんりょく）、磁力（じりょく）、静電気力（せいでんきりょく）、引力、反発力、圧力、弾性力（だんせいりょく）、摩

① 物理で力としてあつかうもの　　② 物理でエネルギー的なものとしてあつかうもの

③ 人や動物がもつ特性やはたらきを表すもの　　④ その他

図1　いろいろな力

よくわかる身のまわりの現象・物質の不思議

擦力、浮力 など

② 物理でエネルギー的なものとしてあつかうもの
電力、火力、波力、風力、馬力 など

③ 人や動物がもつ特性やはたらきを表すもの
能力、体力、脚力、握力、筋力、持久力、計算力、語学力、理解力、視力、聴力、読解力、活力、企画力、記憶力、表現力、精神力、努力、瞬発力 など

④ その他
目力、念力、尽力、手力 など

力のはたらきを利用して体重測定

地球上でも、国際宇宙ステーションの中でも、力のはたらきを利用して体重を測定しています。

（1） 地球上

ばねばかり（図2）は、「力は物体を変形させる」というはたらきを利用しています。人にはたらく重力（これを重さといいます。→80ページ参照）に比例して、ばねが伸びる（＝変形させる）ので、ばねの伸びで体重を測定できます。

（2） 国際宇宙ステーションの中

国際宇宙ステーションの中は無重量状態なので、ばねばかりでは体重*をはかれません。「力は物体の運動状態を変える」というはたらきを利用して、宇宙飛行士の体重をはかります。

図3は、国際宇宙ステーションの中で、若田光一宇宙飛行士が体重を測定している写真です。細長い胴体部分の中にはばねが入っていて、

図2 ばねばかり

このタイプのばねばかりには2本のばねが使われている（ちょうど上皿を支える緑色の2本の金属に沿って2本のばねがつけられている）。

＊ 体重と表現しているが、測定しているのは質量である。体重は、人にはたらく重力だが、この値は人の質量に比例するので、ばねばかりでは重力を測定することで人の質量を、国際宇宙ステーションの中では動き方を測定することで人の質量を測定している。

図3　国際宇宙ステーションでの体重測定
体重測定をする若田光一宇宙飛行士。ロシアの定期的な医学的評価の一環
（提供：JAXA/NASA）

　もち手をつかんで身体を押しつけばねを縮め、そのあと手を離すとばねがもとにもどろうとします。このばねは若田さんに力を加え、若田さんを動かします（つまり運動状態を変えます）。このとき質量の大きい物体ほど動くにくく、逆に質量の小さいものほど動きやすいので、ばねに押された若田さんの動き方を測定することで体重を測定できます。

運動の法則……運動の第二法則

　力は物体の運動状態を変えるはたらきをします。運動状態が変わるとは、加速したり減速（＝負の加速）したり、運動の向きが変わることで、いずれも速度＊が変化します。1秒間あたりの速度変化の割合を加速度とよびます。ニュートンは、物体にはたらく力と、物体の質量と、生じる加速度について研究し、「物体に力がはたらくと物体は加速度運動し、その加速度の大きさは物体にはたらく力 F に比例し物体の質量 m に反比例する」という関係を見つけ出しました。これは運動の法則とよばれています。質量 m の物体に力 F がはたらき a の加速度運動をするとき、

$$F = ma$$

という関係が成り立ち、この式は運動方程式とよばれています。力の単位はニュートン [N] ですが、これは科学者ニュートンにちなんだもので、1948年の国際度量衡委員会で力の単位として正式に採用されました。

＊速さに運動の向きを合わせて考えた量を速度とよぶ。

🔲 身のまわりの力を分類してみる

　日常生活で私たちが体感できる力を分類すると、接触していなくてもはたらく力（図4）と、接触することではたらく力（図5）などに分類できます。いずれも、物体と物体の間ではたらく力です。

（1） 接触していなくてもはたらく力

① 万有引力

　質量をもつ物体どうしの間ではたらく引力です。太陽と地球、地球と月、地球と地球上の物体などありとあらゆる物体どうしの間ではたらきます。地球と地球上の物体にはたらく万有引力に、地球の自転によるほんのわずかな遠心力の影響を加えたものが重力です。

② 静電気力（クーロン力）

　電気の性質をもつ物体どうしにはたらく力で、同符号の電気どうしの間ではたらく反発力と、異符号の電気どうしの間ではたらく引力があります。

③ 磁　力

　磁性をもつ物体どうしにはたらく力で、同極どうしの間ではたらく反発力と、異極どうしの間のではたらく引力があります。

④ 強い相互作用による力、弱い相互作用による力

　日常生活の中では感じませんが、物質を構成する原子より、さらに小さな素粒子の世界ではたらく力です。

（2） 接触することではたらく力

　押す力や引く力など、物体と物体が接触しているところではたらく力です。

① 万有引力　　　　② 静電気力　　　　③ 磁　力

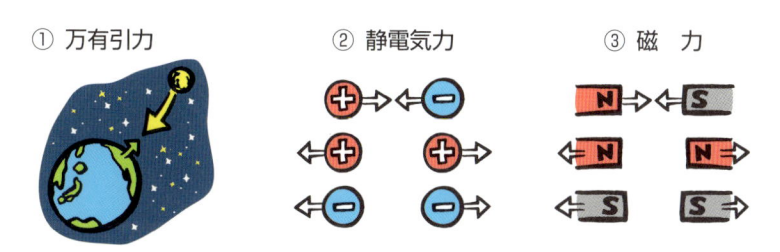

図4　接触しなくてもはたらく力

① 張力

ぴんと張った糸が物体を引く力

② 弾性力

伸びたり縮んだりしたばねなどの弾性体が、もとの長さに戻ろうとする力

③ 垂直抗力

接触面で受けた力と同じ大きさの力で押し返す力で、面に直角にはたらく力

④ 摩擦力

物体と物体の接触面ではたらく、物体の運動をさまたげようとする力

⑤ 浮力

気体や液体中の中にある物体の上面と下面にはたらく圧力差によって生ずる物体を浮かそうとする力

① 張力

② 弾性力

③ 垂直抗力

④ 摩擦力

⑤ 浮力

〈塩水に浮くボーリング球〉

アルキメデスは「液体や気体中で物体が受ける浮力はその物体が排除した液体や気体の重さに等しい」ことを発見した。

ふつう、ボーリング球は水に沈むが、食塩水にすると浮く。写真のボーリング球の質量は約 5.5 kg、体積は約 5.0 L。ボーリング球を全部水に沈めると、排除する水の体積は 5 L なので、5 kg の質量に相当する浮力を受ける。ボーリング球のほうが重いので沈むが、水 5 L に対し 0.6 kg の割合で食塩をとかすと、排除する食塩水の重さ 5.6 kg に相当する浮力を受けるので、ボーリング球は浮く。

図5　接触することではたらく力

🔲 圧力 ──単位がちがうので注意──

　圧力は気体や液体が物体の面を押す力で、1 m² の面積を垂直に押す力で表します。重力や静電気力など、これまで紹介した力の単位がニュートン［N］であるのに対し、圧力の単位は［N/m²］となり、これをパスカル［Pa］とよんでいます。

　大気圧とは、地球大気つまり空気の重さによる圧力で、地表面 1 m² あたり、約 100000 N の力がはたらいています。この力は質量約 10000 kg（= 10 t）の物体にはたらく重力に相当します。

　一斗缶を使って大気圧の大きさを見るデモンストレーションがあります。一斗缶に少量の水を入れ沸騰させると、缶の中の空気は発生する水蒸気のいきおいで、缶の外に押し出されます。その状態で缶にふたをし、火を止めると、温度の低下とともに缶の中の水蒸気が液体になり、そのため一斗缶の中の圧力が下がり、缶は外からかかる大気圧に押されるようになります。ふだんの生活では気づいていませんが、大気圧は大きな力なので、一斗缶のヘリが折れ曲がるほど激しく一斗缶は押しつぶされます（図 6）。

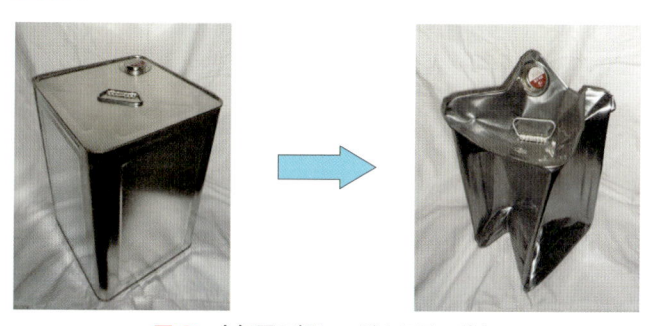

図 6　大気圧で押しつぶされる一斗缶

🔲 慣性力 ──加速、減速、円運動で感じる力──

　物体は本来、静止している場合をふくめ、その速度を保とうとする性質をもっています。この性質を慣性といいます。乗車した電車やバスが急発進したとき、体が後ろに倒されるように感じます。また電車やバス

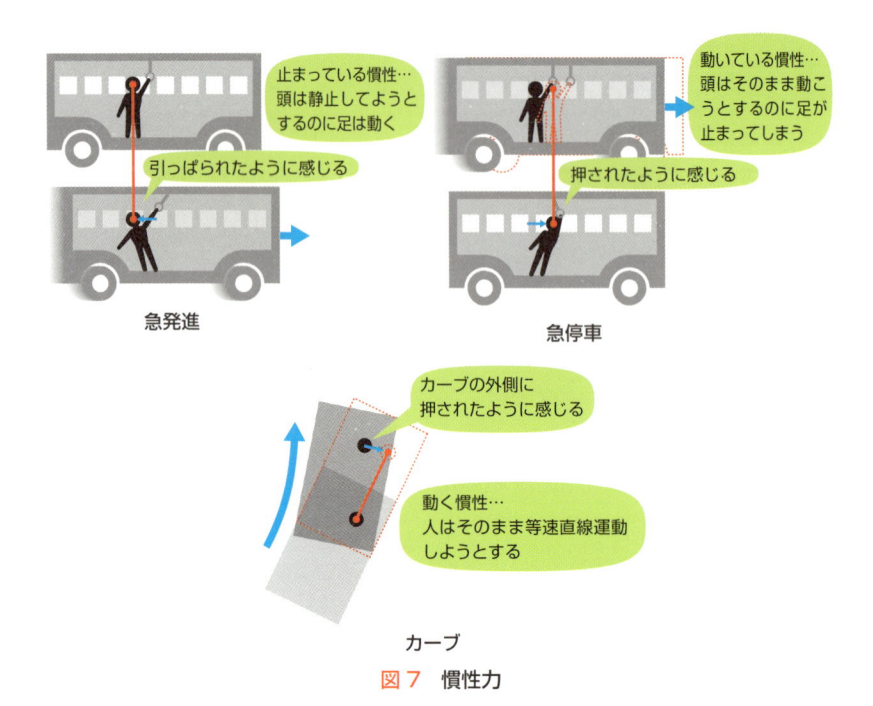

止まっている慣性…
頭は静止してようとするのに足は動く

引っぱられたように感じる

急発進

動いている慣性…
頭はそのまま動こうとするのに足が止まってしまう

押されたように感じる

急停車

カーブの外側に押されたように感じる

動く慣性…
人はそのまま等速直線運動しようとする

カーブ

図7　慣性力

が急停車するとき、体が前のめりになります（図7）。どちらもなにか力がはたらいたかのように感じますが、これは物体の慣性が原因です*。

　止まっているバスに乗車した人には、バスが止まっているので「静止している物体は静止しつづける」という慣性がはたらきます。バスが発車すると、バスの床に接している足はバスと一緒に動きますが、床から離れている頭部は慣性で静止しつづけようとします。それで体がおくれ、後方に押されるように感じます。とくにバスが急発車するほど、より強く押されるように感じます。

　走っているバスに乗車している人は、バスとともに動いていて「運動している物体は一直線の向きに等速で運動（＝等速直線運動）する」という慣性がはたらきます。このときバスが急停車するとバスの床に接している足はバスと一緒に止まりますが、床から離れている頭部は慣性で等速直線運動します。それで体が前のめりになり、前方に押されたよ

＊　慣性力は物体のもつ慣性が原因となっていて、物体と物体の間ではたらく力ではないので「見かけの力」とよばれている。

うに感じます。

　このように急発進や急停車、円運動など加速度運動する物体の中にいる者が感じる力を、慣性力とよびます。

　バスがカーブするとき、体がカーブの外側に押されるように感じます。遠心力がはたらくといいますが、遠心力は慣性力です。乗車している人は等速直線運動しようとしますが、バスが曲がるので図7のように体がカーブの外側に押されるように感じるのです。

　宇宙ロケットの打ち上げでは、ロケットの加速にともない、船内の宇宙飛行士に慣性力がかかります。スペースシャトルを打ち上げるときの加速度は最大で３Ｇだそうです。１Ｇは地球上で物体が落下するときの加速度です。ロケットが３Ｇで加速すると船内の飛行士には、ロケットの進行方向と逆の方向に自分の重さの３倍の重さの慣性力を受けます。仮に宇宙服をふくめた宇宙飛行士の質量を100 kgとすると、質量300 kgの物体が宇宙飛行士の上に乗っていることになります。

　飛行士が受ける訓練の１つに、高速度で回転するアームの先端にすわり遠心力を受ける訓練があります。ロケット打ち上げ時にかかる慣性力に耐えられるように、アームの回転速度を調整します。

　ちなみに旅客機が離陸するとき、シートに体が押しつけられますが、そのときのＧは0.3Ｇ程度です。

コラム 「無重力？　無重量？」

　無重力状態とは重力がはたらかない状態です。地球のまわりを回るスペースシャトルの中や、国際宇宙ステーションの中は無重力状態であるという表現がありますが、正確にいうと無重量状態です。スペースシャトルや国際宇宙ステーションは地球のすぐ近く（→74ページ参照）にあるので、重力でつねに地球に向かって落下しつづけています（地球に落ちてこないのは円運動しているからです）。落下している物体の中にいる人には落下する向きと逆向きに慣性力がはたらき、重力とこの慣性力がつり合い、結果的に重力がはたらいていないように感じるのです。

　落下する物体の中は無重量状態になるので、運行中の飛行機のエンジンをわざと切り、落下する機体の中で無重量の実験や訓練が行われています。

物理／化学部　「機械的物性」ほか

18 力とエネルギー
―力とエネルギーはどういう関係？―

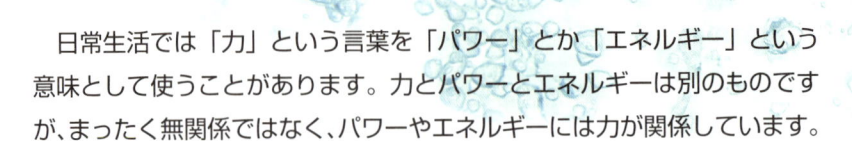

日常生活では「力」という言葉を「パワー」とか「エネルギー」という意味として使うことがあります。力とパワーとエネルギーは別のものですが、まったく無関係ではなく、パワーやエネルギーには力が関係しています。

■ 力積――力と力を加え続ける時間――

　力のはたらきに「物体の運動状態を変化させる」ことがあります。物体に力を加えるとき、物体に加える力と、力を加え続けた時間の積を「力積」とよんでいます。また物体の質量と物体の速度の積を「運動量」とよんでいます。このとき、力積と運動量の間には、

　　　　力積を加える前の運動量＋力積＝力積が加わった後の運動量

という関係が成り立ちます（図1）。

　宇宙船の打ち上げでは、ロケット燃料を噴射することにより宇宙船に力積を加え、宇宙船の運動量を増す、つまり加速します。宇宙船打ち上げ（図2）の映像を見ていると、発射直後は宇宙船の動きが非常にゆっ

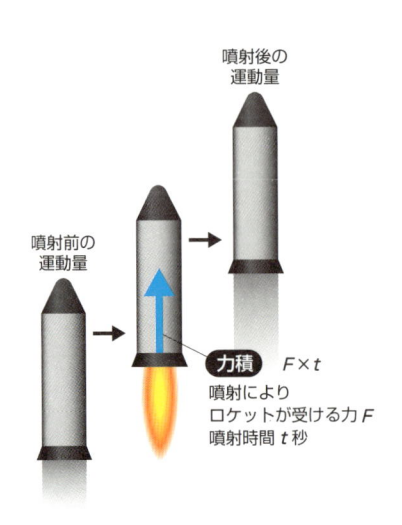

図1　力　積

力積 $F \times t$
噴射によりロケットが受ける力 F
噴射時間 t 秒

図2　準天頂衛星「みちびき」をのせ、打ち上げられた H2A18 号機
（提供：三菱重工業株式会社）

力とエネルギー

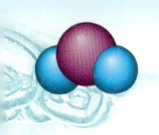

くりに見えますが、噴射しつづけることによりどんどん速度を増していきます。

ロケット噴射では宇宙船にも噴射される燃料にも同じように力積が加わるので、結局*1、

$$\begin{bmatrix}力積が加わる\\前の宇宙船の\\運動量\end{bmatrix} + \begin{bmatrix}力積が加わる\\前の燃料の運\\動量\end{bmatrix} = \begin{bmatrix}力積が加わっ\\た後の宇宙船\\の運動量\end{bmatrix} + \begin{bmatrix}力積が加わっ\\た後の燃料の\\運動量\end{bmatrix}$$

という関係が成り立ち、当たり前のことですが、ロケット燃料の噴射の激しさ*2、つまり運動量を大きくすればするほど、宇宙船の加速が大きくなります。実際の宇宙船の打ち上げは、単純に運動量だけでは議論できませんが、運動量は考えるべき1つの要素です。

---

*1　参考
実際は複雑な要素がからんでくるが、非常に単純に考えると、ロケット噴射ではロケットにも噴射される燃料にも同じように力積が加わるので、ロケットと燃料それぞれについて、

$$\begin{bmatrix}力積が加わる前の\\宇宙船の運動量\end{bmatrix} + \begin{bmatrix}宇宙船に加わる力積\end{bmatrix} = \begin{bmatrix}力積が加わった後の\\宇宙船の運動量\end{bmatrix}$$

$$\begin{bmatrix}力積が加わる前の噴射\\される燃料の運動量\end{bmatrix} + \begin{bmatrix}燃料に加わる力積\end{bmatrix} = \begin{bmatrix}力積が加わった後の\\燃料の運動量\end{bmatrix}$$

という関係が成り立つ。このとき宇宙船に加わる力積と燃料に加わる力積は大きさが同じで向きが逆なので、この2つの式どうしを足すと、力積の項が消去されて、

$$\begin{bmatrix}力積が加わる前の\\(宇宙船の運動量+燃料の運動量)\end{bmatrix} = \begin{bmatrix}力積が加わった後の\\(宇宙船の運動量+燃料の運動量)\end{bmatrix}$$

という関係が成り立つ。一般的に

　　　運動が変化する前の運動量の総和＝変化した後の運動量の総和

という関係があり、この関係を「運動量保存の法則」とよんでいる。
（実際に計算するときは運動の向きのちがいを＋－で表し計算する）

*2　参考
より質量の大きな物体が、より大きな速度で動いていると、その運動量の値は大きくなる。つまり運動量は、運動の激しさを表す量といえる。

ペットボトルロケットとは、ペットボトルをロケット本体に、またその中に入れる適量の水を噴射される燃料に見立て、ペットボトル内の空気に圧力を加え、その圧力で水を噴出しペットボトルをロケットのように飛ばすというものです（図3）。

　このとき、水をまったく入れないで飛ばすのと、水を適量入れて飛ばすのでは、水を入れたほうがはるかに遠くまで飛びます。これは噴射する水の運動量に対応して、ペットボトルの運動量も大きくなるからです。

図3　ペットボトルロケット

　ロケットの噴射のようにロケットから燃料が離れるような「物体の分裂」の問題や、逆に複数の物体が衝突するような問題を考えるときは、物体の運動量の変化に着目するのが便利です。

仕事──力と力を加えつづける距離──

　日常生活で仕事というと、職業や働くことを意味しますが、物理では力を加え、その方向に物体を動かすことを仕事といいます。力という言葉と同様に、日常生活で使う言葉と、物理で使う言葉の意味がちがうので、物理の学習で混乱しやすい単語です。

　仕事の大きさは

> 仕事 ＝ 物体が動く向きに加えた力 × 物体の移動距離

で計算され、ジュール［J］という単位でその大きさを表します（図4）。

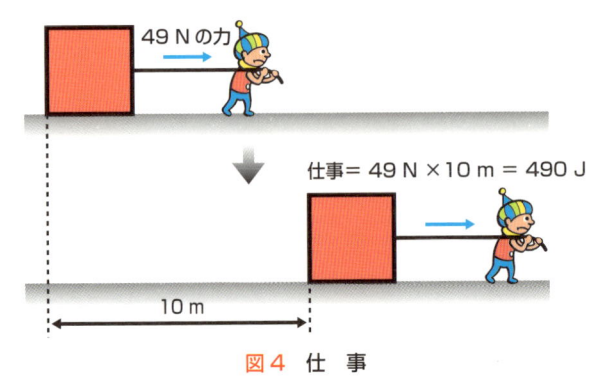

49 Nの力

仕事＝ 49 N ×10 m ＝ 490 J

10 m

図4　仕事

仕事とエネルギー

　力という言葉同様エネルギーも、日常生活での使い方と物理で定義されている意味がちがっていて混乱しやすい言葉です。物理では仕事（もちろん物理で約束される仕事）をする能力をエネルギーといいます。つまりエネルギーはこれから使うことができるもので、その大きさは、そのエネルギーをすべて仕事に変えたら何Jになるかで表します。

　力学的エネルギーとよばれる3つのエネルギーがあります（図5）。

① **運動エネルギー**

　動いている物体は止まるまでに、ほかの物体を押し動かすという仕事ができるので、動いている物体はエネルギーをもっているといえます。このエネルギーを運動エネルギーといいます。

② **重力による位置エネルギー**

　高いところにある物体は、たとえばその物体を滑車にかけ、落下させると、滑車の他端につけたほかの物体を動かすという仕事ができるのでエネルギーをもつといえます。このエネルギーを重力による位置エネルギーといいます。

③ **弾性力による位置エネルギー**

　伸びたり縮んだり、変形しているばねは、もとの長さになるまでに、ばねにつけた物体を動かすという仕事ができるので、エネルギーをもっているといえます。このエネルギーを弾性力による位置エネルギーもしくは弾性エネルギーといいます。

図5　3つの力学的エネルギー

仕事は力と距離の積、仕事をする能力がエネルギーですから、日常生活で使う力という言葉にエネルギー的な意味がふくまれるのは、物理的にもあながち間違いとはいえませんね。

■ 力とパワー

パワーも、日常生活で使う場合と物理で使う場合で、使い方の感覚がちがう言葉です。物理では1秒間に行う仕事を仕事率といいます。仕事をする能力がエネルギーですから、仕事率は1秒間に消費するエネルギーであるともいえます。仕事率の単位はワット［W］です。60Wの蛍光灯とは、点灯すると1秒間に60Jのエネルギーを消費する蛍光灯という意味です。

仕事率は英語で「パワー」といいます。学問では用語の使い方に厳密性が必要ですが、力という言葉にパワフルとかエネルギッシュというイメージをもつのも日常用語としてはうなずけます。

ちなみに、電力は1秒間に消費する電気エネルギー、馬力*は1秒間に馬が行う仕事と同程度の仕事率を表しています。

■ ジュールの実験

1845年イギリスのジュールは、おもりを落下することで、容器内の水を攪拌し、そのときの容器と水の温度上昇を精密に測定し、おもりの位置エネルギーが水の温度上昇の原因となる熱エネルギーに変換されることを実験で示しました。

熱の正体がなんであるか議論されていた当時、ジュールは熱に関する

---

* 馬力には英馬力（1英馬力＝約745.7W）と仏馬力（1仏馬力＝約735.5W）の2つがあります。

図6 ジュールの実験

＞左右のおもりが下がると、水の入ったタンクの中の羽根車が回り、水の温度が上がるんだ

いくつもの実験を行い、熱はエネルギーであるということを示しました（図6）。その功績をたたえて、現在、エネルギーの単位にはジュール［J］が使われています。ちなみに1 cal＝約4.19 Jです（→110ページ参照）。

エネルギーはさまざまな形態をとり、力学的エネルギー、熱エネルギーのほか、化学エネルギー、電気エネルギー、光エネルギー、核エネルギーなど、身のまわりにはエネルギーがあふれています（図7）。エネルギーはほかの色々な形のエネルギーに変わりますが、変化前のエネルギーの総量と変化後のエネルギーの総量は変わりません。これを「エネルギー保存の法則」といいます。化学エネルギーは化学反応にともない熱エネルギーを放出することが多く、運動エネルギーは摩擦により熱エネルギーに変わり、電気エネルギーは抵抗を発熱させ熱エネルギー（これをジュール熱とよんでいます）を放出するなど、どのエネルギーも最終的には熱エネルギーに変わる方向で変化していきます（→139ページ参照）。

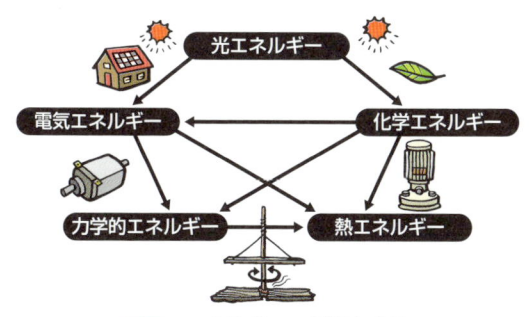

図7 エネルギーの形態と変換

19 熱と温度

― 熱と温度の関係は？―

温度には、それ以上低い温度はない絶対零度とよばれる温度があります。一方、高いほうの温度の上限はないといわれています。温度は熱の移動により変化するものです。熱にかかわる現象を考えましょう。

■ 温度の単位

私たちが使っている温度の単位は［℃］で、セ氏温度とよばれています。これは、水の沸点を 100 ℃、水の融点を 0 ℃として基準にし、その間を等分したもので、提唱者のセルシウス（Celsius）にちなんでいます。セルシウスは中国語で摂爾修斯と書くので、摂氏温度とよばれます。

セ氏温度以外に、アメリカで使われているカ氏温度があります。

表1　いろいろなものの温度

	絶対温度	セ氏温度	カ氏温度
絶対零度	0.0	−273.15	−459.7
液体窒素の沸点	77.4	−195.8	−320.4
地球で観測された最低気温（南極・ボストーク基地、1983年7月21日）	184.0	−89.2	−128.4
二酸化炭素の昇華点	194.7	−78.5	−109.3
ファーレンハイトの寒剤（同量の氷と塩の混合物）	255.4	−17.8	0.0
氷の融点	273.2	0.0	32.0
地球表面の平均気温	288.2	15.0	59.0
人間の平均体温	310.0	36.8	98.2
地球で観測された最高気温（イラク・バスラ、1921年7月8日）	332.0	58.8	137.8
水の沸点	373.2	100.0	212.0
新聞紙の引火点	564.2	291.0	555.8
ロウソクの炎	1673.2	1400.0	2552.0
鉄の融点	1809.2	1536.0	2796.8
太陽表面の温度	6073.2	5800.0	10472.0

これはファーレンハイト（Fahrenheit）が提唱したもので、氷と塩を同量混ぜたときの温度（約−18℃）を0°Fとし、血液の温度（約35.6℃）を96°Fとして、その間を等分したものです。ファーレンハイトは中国で華倫海特と書くので、フ氏温度ではなく、華氏温度とよばれています。

また、国際標準単位では最低の温度（＝絶対零度）を0K（ケルビン）とし、1Kの温度差をセ氏温度の1℃の温度差と等しい値にした温度を、絶対温度とよびます（表1）。

熱

高温の物体と低温の物体を接触したとき、移動するエネルギーを熱とよびます。温度は、物体の熱的な状態を表すもので、温度が移動するのではありません。熱がやりとりされた結果、温度が変化します（図1）。たとえが的確ではありませんが、お金をもらうと裕福さがまし、お金をなくすと裕福さが減るというように、やりとりされるお金に対応するのが熱で、その結果変化する裕福さに対応するのが温度です。

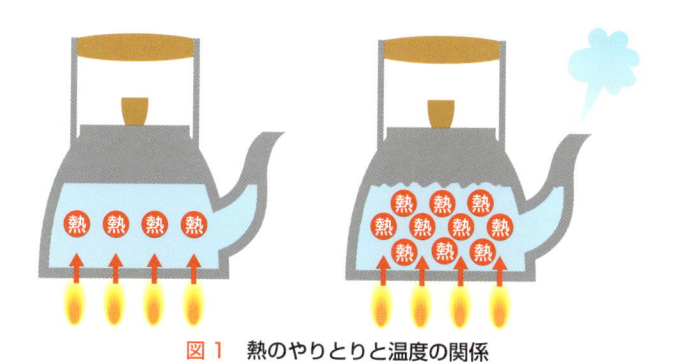

図1　熱のやりとりと温度の関係

絶対零度

高熱の正体は物質を構成する粒子の運動で、熱運動とよばれています。熱運動が激しければ激しいほど温度は上がり、熱運動がおだやかになればなるほど温度は下がります。熱運動が停止したとき、それより低

い温度は考えられなくなり、この温度を絶対零度とよびます。その値は－273.15℃で、これを０Ｋとしたのが絶対温度目盛りです。

熱の単位

熱はかつてカロリー［cal］という単位で表されていましたが、すべての単位を国際単位系に統一する流れの中で、栄養学や生物学の分野をのぞき、熱の単位としてジュール［J］が用いられています（→107ページ参照）。1 cal＝約4.19 Jという関係があります。単位からわかるように熱はエネルギーです。

ちなみに1カロリーは「水1gの温度を1℃上げるのに必要な熱量」と決められています。レストランのメニューでは［cal］が使われていますが、よく見ると［Cal］という表記になっている場合もあります。これは大カロリーとよばれ、1 Cal＝1000 calを表しています。大文字と小文字のちがいではわかりづらいので、大カロリー［Cal］の代わりにキロカロリー［kcal］と表記されることが多くなっています。

高温をつくる

木材や石炭、石油などの燃料を燃やせば熱が発生し温度が上がります。これは燃料が酸素と結合するとき出る燃焼熱です（表２）。燃焼に限らず、

表２　いろいろな燃焼熱・核反応熱

物　質	反応熱　［kJ/g］
石炭（固体）	20～30
木炭（固体）	28～32
コークス（固体）	24～32
灯油（液体）	44～47
重油（液体）	38～47
ジェット燃料（液体）	44以上
ウラン235（核分裂）	8.2×10^7
ヘリウムをつくる核融合	6.4×10^8

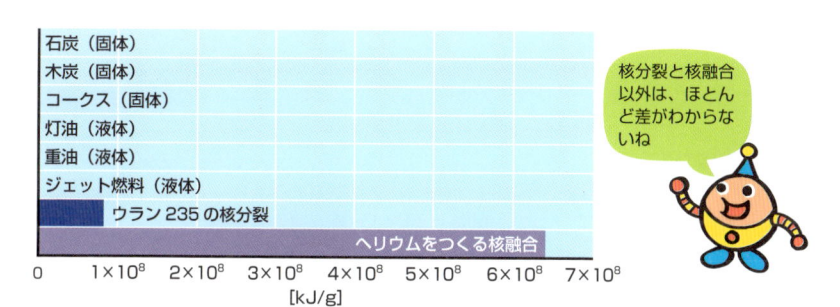

図2 グラフでみる燃焼熱

核分裂と核融合以外は、ほとんど差がわからないね

熱が発生する化学変化は多く、化学変化の分類にしたがって、中和熱、溶解熱などの反応熱があります。

原子力発電所では核分裂反応にともなう熱を利用して発電しています。質量数235（→158ページ参照）のウラン1個が核分裂するときに出すエネルギーは約$3.2×10^{-11}$Jで、1gのウラン235がすべて核分裂したとすると、約$8.2×10^{10}$Jのエネルギーが発生します。

また太陽では、4個の水素原子核が核融合し、1個のヘリウム原子核が生成され、このとき約$4.3×10^{-12}$Jのエネルギーが発生します。核融合反応で1gのヘリウムが生成されたとすると、約$6.4×10^{11}$Jのエネルギーが発生します。

値の関係は、表よりグラフで見ると大小の差がわかりやすくなります。しかし表2の値をグラフにすると図2のようになり、燃焼熱の比較には使えないグラフになります。これは、石炭、木炭、コークス、灯油、重油、ジェット燃料などの化学変化にともない発生する熱にあまり差がないのにくらべ、核分裂反応では化学反応の100万倍以上、核融合反応では1000万倍以上のはるかに大きな熱が発生するからです。

低温をつくる

温度を下げたいとき、日常生活ではエアコンを効かせるとか、冷やしたいものを冷蔵庫に入れるなどがあげられます。冷蔵庫やエアコンが低温の世界をつくる原理としていくつかありますが、その1つに気化熱の利用があります。

注射をするとき、腕をアルコールをふくませた綿でふかれるとひやっ

とします。それは液体だったアルコールが腕の熱をうばって気体になるからです。液体が気体になるときまわりからうばう熱を気化熱といいます。夏の日に道路や庭に打水をするのは、ほこりが舞い上がるのをおさえるということのほかに、まいた水が蒸発するとき熱くなった地面から少しでも熱をうばって温度が下げるという意味があります。

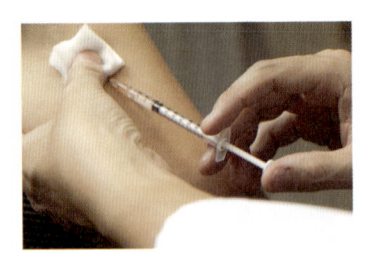

　冷蔵庫やエアコンでは、冷媒とよばれる気体を、圧縮機（コンプレッサー）で圧縮し液体にし、放熱器とよばれる部分で熱を逃がし温度を下げます（図3）。この放熱器は冷蔵庫の背面や上面、ドアのわくの部分に取りつけられています。冷蔵庫をさわってあたたかくなっているところが放熱器です。放熱器から出た冷媒は冷却器に送られ蒸発します。このとき気化熱をうばい温度が下がります。この冷却器が冷蔵庫内部に取りつけられているので冷蔵庫内が冷えるのです。カセットコンロ（図4）

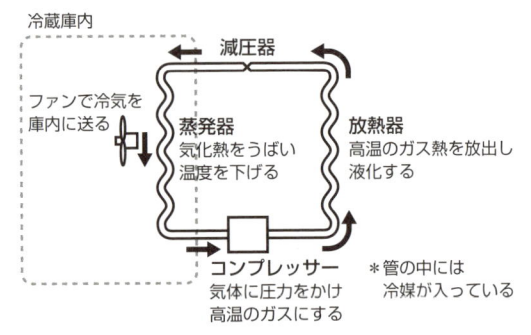

図3　冷蔵庫の冷却のしくみ

図4　カセットコンロとカセットボンベ
（提供：岩谷産業株式会社）

を使用した直後の燃料ボンベをさわるとかなり冷たくなっているのがわかります。燃料のブタンがボンベの中に入っているときは液体と気体の状態です。カセットコンロを使用すると気体が使われ、圧が下がると液体が気体に気化します。そのとき気化熱をうばうからです。

　ドライアイスは二酸化炭素の固体で、私たちが暮らしている地球の大気圧のもとでは、液体の状態をとらず、−78.5℃で固体から気体、気体から固体に直接変化します（図5）。これを昇華といいます*。二酸化炭素ボンベの口から勢いよく二酸化炭素を噴出させると、気体ではなく、雪のような白いパウダーがふき出します。これは、ボンベの中で高圧になっていた二酸化炭素が一気にボンベの外に出て膨張（これを断熱膨張といいます）するときエネルギーを使い、温度が下がるからです。市販のドライアイスのブロックは、このパウダー状のドライアイスに少量の水を加えて圧縮して固めたものです。

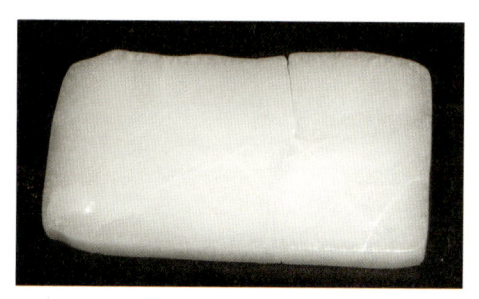

図5　ドライアイス

　液体窒素の沸点は−195.8℃です。つまり液体窒素をつくるには、気体の窒素をこの温度以下まで下げる必要があります。温度の下げ方にはいくつかの方法がありますが、単純な方法は、ドライアイスをつくるときの原理である断熱膨張をくり返すことで徐々に窒素の温度を下げ、液化させることです。

水にドライアイスを入れてみよう

＊　ドライアイスは常温で1気圧のもとでは液体の状態にはならないが、常温で数十気圧の条件下では、液体の状態になる。

理科年表　物理／化学部　「熱と温度」「熱化学」ほか

20 熱現象
― 熱は私たちの生活にどうかかわっているの？ ―

　自動販売機で購入したあたたかい缶飲料を手に取ると、非常に熱く感じるのに、飲んでみると、それほど熱く感じません。熱に関するいろいろな現象があるので、身近な例をあげて説明します。

🟩 熱膨張

　物体は温度が上がると体積が増えます。これを熱膨張といいます。鉄道のレールも冬と夏では膨張により長さが変わります。夏の暑さで線路が膨張しても、列車の運行に支障がないように、レールとレールの間には隙間がもうけられます。

線路が燃えてる！…じつはレール交換作業でした

　新しいレールを炎で膨張させて敷設する作業が 23 日未明、福岡市の JR 博多駅構内の在来線で行われ、線路上に炎の帯が浮かび上がった。
　「ロングレール」の交換作業で、灯油や軽油に浸した荒縄をレールに乗せて点火。約 40 ℃まであたためた後、枕木にボルトで固定した。
　ロングレールはゆれや騒音を減らすために、すき間をつくらずにつなぐ。このため夏場に暑さでのびてゆがまないよう、夏場と同じ長さまで炎でのばして交換するという。
　　　　　　　　　　　　　　　　　（2010 年 10 月 23 日 13 時 03 分 読売新聞）

炎でレールを熱しながら行われた博多駅でのレール交換作業
（撮影：久保敏郎　無断転用を禁ず）

※この記事・写真等は、読売新聞社の許諾を得て転載しています。
※無断での複製、送信、出版、頒布、翻訳、翻案等著作権を侵害する一切の行為を禁止します。

よくわかる身のまわりの現象・物質の不思議

熱現象

　レールの長さは標準的なもので25m、素材は炭素鋼で線膨張率が 10.7×10^{-6} [/℃]（1℃温度が上がると、10.7×10^{-6}倍分だけ長くなります）なので、冬と夏の温度差を仮に50℃とすると、約13.4mmの長さのちがいができることがわかります。夏、熱膨張でレールが曲がらないようにいろいろくふうされています。たとえば、冬レールを敷設する工事では写真記事のように、レールを加熱し膨張させた状態で敷設し、夏の暑さによる膨張にも対応できるように工事することもあります。

　ふつう、レールをつなげるときは図1のように、レールとレールを並べ、枕木とボルトで固定します。熱膨張に対応するように、継ぎ目にすきまがあり、ここを電車が通過するとき「ガタンゴトン」と音をたてます。

　新幹線ではこの「ガタンゴトン」という音を軽減させ、乗り心地をよくするために、最低1本200m以上のロングレールとよばれるレールが使われています。ふつうの25mのレールを工場で溶接してつなげた200mのレールを、線路上に運び、それをさらに現場で溶接し、継ぎ目をなくしたレールで、新幹線では1kmから数kmのロングレールが使われています。ロングレールでも熱膨張はあるので、その対策として、

　① レールの中央部を枕木にボルトで強く固定し熱膨張を強制的におさえる。
　② レールの継ぎ目の端で熱膨張させる。このとき、熱膨張してもいいように、図2のようにレールをななめに切断しつなげる。

という方法がとられています。

図1　レールの継ぎ目
（提供：大阪教育大学　種村研究室　http://www.osaka-kyoiku.ac.jp/~masako/exp/netuworld/index3.html）

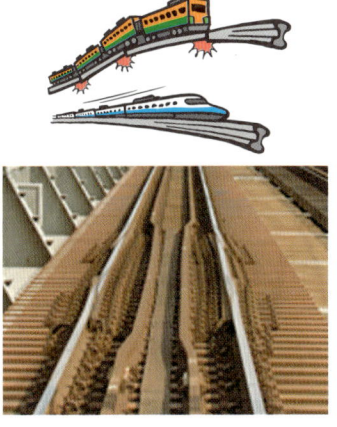

図2　レールのななめの継ぎ目

熱膨張と温度計

温度が高くなると物体の体積が増えるという性質を使って、温度計がつくられています。

赤い液体が上下するふつうの温度計の中に入っている液体は、見えやすいように灯油やアルコールを赤く着色したもので、温度によって液体が膨張することを利用したものです（図3）。銀色の温度計は水銀を使っています。最近は温度によって電気抵抗が変化することを利用した電子温度計が一般的になり、アルコール温度計や水銀温度計を目にする機会が減ってきています。

ガリレオ温度計とよばれる温度計（図4）は、液体の中で浮くか沈むかが微妙に異なるように調整された浮沈子とよばれるウキを入れ、温度が上昇すると液体の密度が小さくなり、浮沈子の受ける浮力が小さくなり下に沈むので、温度が上がるにしたがってたくさんの浮沈子が沈むことで温度を測定するものです。

図3　温度計

図4　ガリレオ温度計
（提供：株式会社アイシー）

熱量と熱伝導

自動販売機であたたかいコーヒーやお茶の缶飲料を購入して手に取ったとき、素手でもつには熱く感じ、その缶をハンカチで包み、火傷しないように注意してそっと中身を飲むと、思ったより中身の温度が低く感じることがあります。

自動販売機のあたたかい缶飲料の温度は 55 ℃くらいに設定されているので、手に取った缶飲料の温度は約 55 ℃です。一方、ふつうに入れたコーヒーの温度は 80 ～ 90 ℃くらいで、それを断熱性紙容器に入れ手に取ってもそれほど熱くは感じません（図 5）。断熱性紙容器とは、紙コップの外側にポリエチレンなどの樹脂を空気層ができるようにラミネートしたものです（図 6）。

図 5　手で感じる温度　　図 6　発泡タイプの断熱性紙容器

　缶コーヒーのように温度が低いのに手に取ったとき熱く感じ、断熱性紙コップのように手に取ったとき、あまり熱さを感じないのは、熱伝導率のちがいです。

　熱伝導率とは 1 ℃の温度差があるとき、一定の面積を一定時間に移動する熱エネルギーの大きさです。缶の材料であるアルミニウムは 236 W/m·K、鉄は 84 W/m·K、発泡ポリスチレンは 0.03 W/m·K です。

　空気の熱伝導率は常温で約 0.026 W/m·K なので、発泡ポリスチレンのように空気をふくんだものは熱伝導率が小さく、保温性・断熱性のある材料になります。ダウンジャケットが防寒具としてすぐれているのは、羽毛の間にたくさん空気が保持されているからです。湯たんぽに直接触れると熱く感じるけど、湯たんぽを布で包むとちょうどよいあたたかさに感じるのも、布で包むことで空気層ができるからです。

熱の伝わり方

　熱伝導は、温度差のある 2 つの物体が接触したとき、その接触面を通じて、高温の物体から低温の物体に熱が移動する現象です。熱伝導のほかに、熱放射と対流による熱の移動があります。

地球は太陽と接触していませんが、太陽から光という形で大きな熱エネルギーを受けています。熱は電磁波（光は電磁波の一種、→ 151 ページ参照）の形で伝わり、これを熱放射とよんでいます。太陽から放射される電磁波の大部分は紫外線、可視光線、赤外線で、とくに赤外線によって熱が運ばれる割合が大きいです。ハーシェルはプリズムで太陽光を分光した際、分光された赤色の外側の目に見えない部分（赤外線）が、ほかの部分にくらべ温度が上がることを発見しています（図 7）。

　対流は熱エネルギーをもった物体が移動し熱が運ばれる現象です。大規模な例として、大気の大循環にともなう熱の移動があります。地球は太陽からの熱放射を受けますが、赤道付近と極付近をくらべると、赤道付近で受ける熱が大きく、そのためあたためられた空気が上空に移動し、さらに中緯度地方に移動し熱を放出し、地表付近に降り、再び赤道付近にもどります。地球ではこのような大きな大気の循環が高緯度、中緯度、低緯度の3ヵ所で起きています（図 8）。

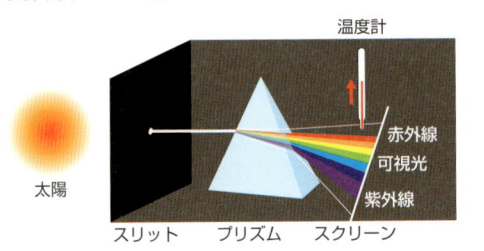

図7　ハーシェルの実験

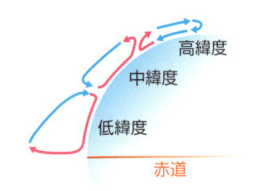

図8　地球の大気循環

比熱（あたたまりやすさ冷めやすさ）

　湯たんぽを布で包むのは熱伝導率の問題ですが、湯たんぽにお湯を入れるのは比熱と熱量の問題です。物体1gの温度が1℃変化するとき、出入りする熱が比熱です。

　鉄の比熱は約 0.44 J/g·K です。湯たんぽがお湯を入れるのではなく全部鉄でできていて、その質量が2kgだと仮定し、この鉄製湯たんぽの温度が90℃から30℃に下がるとすると、このとき放出される熱は 52800 J です（図 9）。

　水の比熱は約 4.2 J/g·K です。湯たんぽに入れるお湯の質量を仮に2kgとし、この湯たんぽの温度が90℃から30℃に下がるとすると、

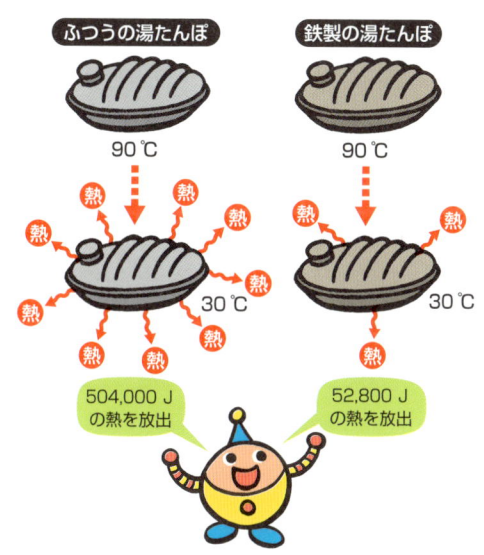

ふつうの湯たんぽ　鉄製の湯たんぽ
90℃　90℃
30℃　30℃

504,000 J の熱を放出　52,800 J の熱を放出

図9　比熱のちがいと熱の放出

このとき放出される熱は 504000 J です。
　このように比熱の小さい鉄は、加熱するとすぐ温度が上がりますが、逆に少し熱を放出しただけですぐ温度が下がります。これに対し水の比熱は大きく、加熱してもすぐには温度は上がりませんが、熱を放出しても温度は下がりにくく、湯たんぽに入れる身近な材料としてはいちばん適しているといえます。

コラム　バーベキュー成功のポイント

　バーベキューでは、鉄板で肉を焼きますが、火力が弱いと、鉄板の上に肉を置いたとき、肉に鉄板の熱がうばわれ、比熱が小さいので、鉄板の温度が下がって料理がうまくいかなかったり、逆に火力が強いと、熱伝導がよいので肉の表面に熱が入りすぎ、表面にくらべ中のほうは生焼けだったりします。バーベキューでうまく料理するは、鉄板を過熱させず、かといって材料をのせたとき、鉄板の温度が下がらないように、火の調整をすることがポイントです。
　多くの鉄板焼き屋さんでは、厚みのある鉄板を使っています。鉄板を厚くしても、熱伝導率や比熱は変わりませんが、材料をのせたとき、鉄板の温度変化が少なく一定の温度で料理できるからです。

21 音

― 音はどんな性質をもっているの？―

音は私たちの身近にある波の代表的なものです。音は空気中だけでなく海中でも伝わり、海中での情報伝達には音が使われています。

🔷 音は波の仲間

音は波の仲間で、屈折、反射、回折、重ね合わせ…など、波特有の性質をもっています。

空気中を伝わる音は、空気を振動させながら、空気の密度の大きいところと小さいところをつくりながら伝わっていきます（図1）。

空気中を伝わる音波をオシロスコープとよばれる装置で見ると、音によって波形がちがうことを確認できます。図2の波形は筆者の「あ」「い」「う」「え」「お」の波形です。

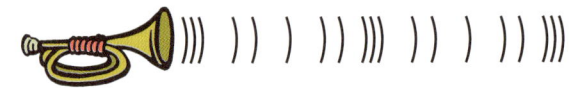

図1　音は空気の振動

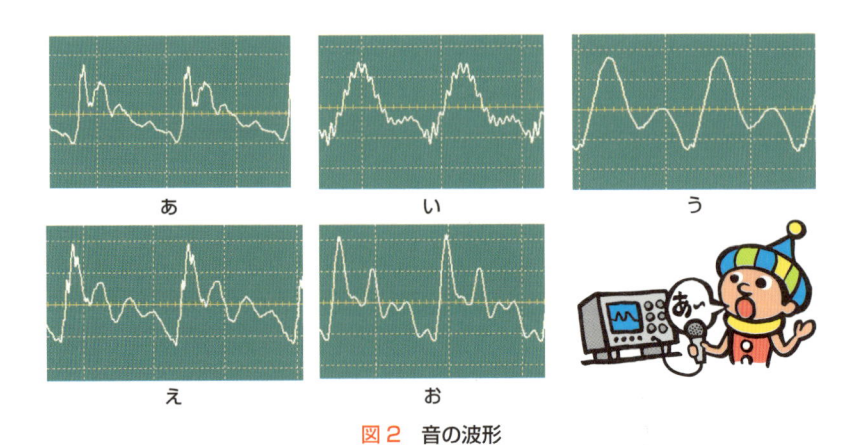

図2　音の波形

■「しんかい6500」との交信方法

　プールにもぐったとき水の泡の音が聞こえたり、机に耳をつけて机の端をノックすると、机を通してその音が聞こえるように、音は空気以外に、水のような液体や床などの固体でも伝わります（表1）。

表1　音の伝わる速さ

物質名	状態	音の伝わる速さ [m/秒]
空気（乾燥）	気体	331.45
ヘリウム	気体	970
水（蒸留水）	液体	1500
海水	液体	1513
鉄	固体	5950
アルミニウム	固体	6420

気体は0℃1気圧、その他はほぼ常温での値

　水面での演技の芸術性を競うシンクロナイズドスイミングでは、プールの中にも水中スピーカーが設置され、水中にもぐっていても音楽が聞こえるようになっています。

　海洋研究開発機構（JAMSTEC）が所有する「しんかい6500」は、水深6500mまでもぐれるように設計された、深海の生物を観察したり、海洋プレートの様子を観察したりする有人潜水調査船です（図3）。「しんかい6500」の定員は3名ですが、船員と外部の交信は無線ではなく、音波で行われます。

提供：海洋研究開発機構（JAMSTEC）

図3　有人潜水調査船「しんかい6500」

飛行機と管制塔は電波を使って交信するように、ふつう、地上での離れた場所との交信には電波を使います。しかし、水中では電波が海水に吸収され、電波による交信は数m程度の距離でしか行えません。それで使われるのが音波による交信です。水深6000m付近までもぐった船に海上の母船からの音波が届くのかという疑問があるかと思いますが、非常に条件がよければ、海中での音波が地球半周分くらいの距離まで届いたという記録があるそうです。

　ただ、問題になるのは時間です。水の中で音波が伝わる速さは約1500m/秒なので、母船から発した音波が「しんかい6500」に届くのが4秒後、すぐ返信があったとしても、「しんかい6500」からの返信が母船に帰ってくるのにまた4秒かかり、最低でも8秒以上の時間差ができます。したがって、ふつうの会話ではなく一方的な報告のような通信になります。

　深海の様子を映像で母船に送るときも、電波ではなく音波で送信します（図4）。音波で映像を送るというのも不思議な感じがしますが、撮影した映像のデータをデジタルの音波信号に変え、送信し、その受信音波を再び映像に変えるというしくみです。

図4　音波で映像を送る

可聴域

　発する音の高さや、聞き分けられる音の高さは、動物によってかな

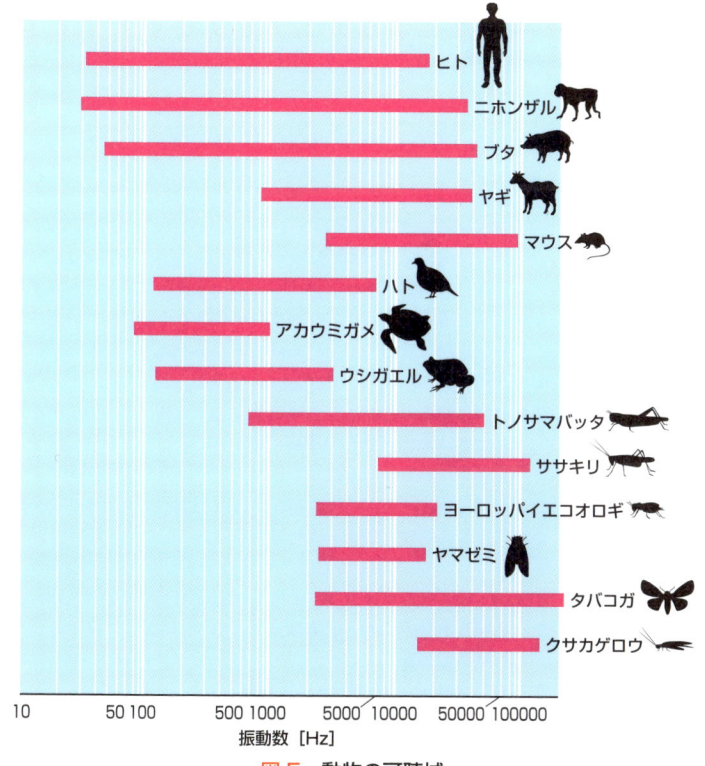

図5 動物の可聴域

　り差があります。人間が聞き分けられる音の範囲（可聴域）は20〜20000ヘルツ［Hz］（→132ページ参照）の範囲といわれています。それ以上の高い音は人間には聞きとれませんが、イヌやウマなど、人間が聞き取れない高い音を聞き分けられる動物が多くいます（図5）。
　ディック・フランシスという作家の『興奮』という小説に、馬の可聴域が人間より高いところにあるということを使ったトリックが登場します。レースでつねに上位に入る馬が、ときに暴れて大穴の出るレースになることがある。それは、その馬に人間には聞こえない超音波を聞かせながら、火を近づける……、動物は火に対して恐怖心をもつので、超音波を聞かせながら火を近づけることをくり返し行うと、その超音波を聞いただけで馬は火に対する恐怖で暴れるようになる……、というように調教した馬に、レースのとき超音波銃で音を聞かせ、条件反射で馬を暴

れさせ大穴を出すというものです。これは小説の中の話ですが、犬やイルカの調教には人間の耳に聞こえない超音波を出す超音波笛が使われることもあります。

　超音波が利用されているものが身近なところに多くあるので、いくつか紹介します（表1）。

表1　超音波の利用例

超音波洗浄機	超音波（耳に聞こえない音）を液中に放射し、液中に存在する無数の気泡分子を破裂させたときの衝撃波で、洗浄物に付着したよごれを浮かせて取る洗浄方法で、メガネの洗浄などに使われています。
超音波診断	医療用の超音波診断はエコーの通称でよばれ、体内の様子を超音波の反射音で調べるものです。害がないので、腹部や心臓の診断など、小児科や産婦人科でも利用されています（図6）。
超音波探傷	非破壊検査の代表例で、機械材料内部の傷や溶接の不具合を超音波の反射音によって調べるものです。
超音波カッター	刃物に超音波振動を与え、刃物と切断物の摩擦を減らし切れ味をよくしたカッターで、医療用メスのほか、パンやケーキの切断に利用されています。
超音波モーター	超音波振動を利用して振動体を動かすもので、カメラのオートフォーカス機構などで利用されています。
超音波加湿器	水などの液体に周波数の高い超音波を放射し、水面から霧状の微粒子（水滴）を発生させるもの。
超音波破砕	体内にできた結石に超音波をあて、そのエネルギーで結石をくだくもの。

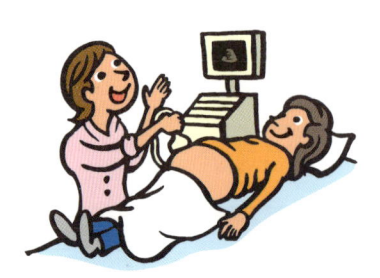

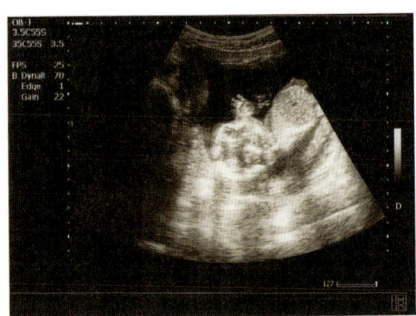

図6　超音波エコー画像

マッハ

　マッハは速度を表す単位で、音速の倍数にあたるマッハ数に由来しています。つまりマッハ1は音速と同じ速度、マッハ2は音速の2倍の速度を表します。

　マッハで速度を表すとき気をつけなければならないのは、条件によって音速が変わるので、同じマッハ1でも、地表面を動くときと、上空の気圧の低いところを動くときでは速度の値がちがうということです。

　地表面の標準大気中（気温15℃、1気圧）でのマッハ1は約340m/秒＝約1225km/時、対流圏上部（成層圏下部）でのマッハ1は約300m/秒＝約1100km/時となります。

　条件によって値が変わるのは不便なので、ジェット機などの性能を表すときには、飛行高度などの条件をつけず、単にマッハ1＝1225km/時として飛行速度を表示されている場合もあります。

　マッハ1は音速の壁とよばれ、飛行物体が音速になるとき、飛行物体の出した音の波に次の音の波が重なり、衝撃波という音の壁になります。音速を超えたとき衝撃波が広がります。そのため、速度の値がいくらかよりも、マッハ1を超えるか超えないかが問題になります（図7）。

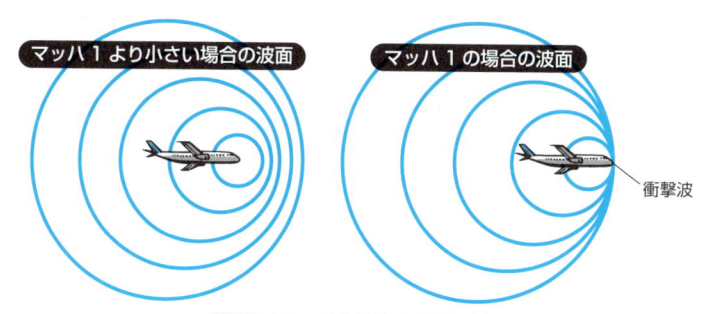

図7　マッハ1のときの音の波

　現在、マッハ1を超えて飛行する旅客機はありませんが、かつてコンコルドとよばれる旅客機は音速を超えて運行されていました（図8）。

図8　コンコルド (by Deanster 1983)

理科年表　物理／化学部「音」、生物部「動物の可聴範囲」

22 電気

― 電気の正体は？ ―

電気は私たちの生活には欠かせないものになっています。電気のもとは、原子の中の原子核や電子がもっている電気です。

🔲 電気の量はどのように決まっているの？

電気の量を電荷といいます。その単位はクーロン［C］です。電荷には正（プラス）と負（マイナス）があります。電荷を細かく分けていくと、それ以上小さくできない最小の電荷に行きつきます。正の最小の電荷は陽子（水素の原子核）の電荷です。負の最小の電荷は電子の電荷です。それらの絶対値は正確に等しく、約 1.6×10^{-19} C です。電気の量はこの最小の電荷をもった陽子と電子の数で決まりますが、正の電気と負の電荷は見かけ上打ち消しあうので、私たちはその数に差があるときだけ電荷を感じます。

🔲 原子は電気をもっているの？

最も単純な原子である水素原子は陽子と電子でできています（図1）。陽子と電子の電荷は大きさが同じで正と負なので、水素原子は外から見ると中性（電気をもっていない状態）です。ほかの原子もすべて原子核と電子からできています。水素以外の原子の原子核の中には陽子のほかに中性子もあります。しかし、中性子はその名のとおり電気をもってい

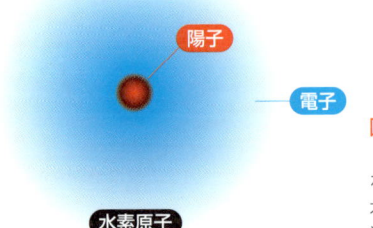

図1 水素原子
この図は、原子核のまわりの決まった「軌道」を電子が回っている、よく見かける図よりも、本当の電子のすがたを表している。青色の濃淡は、電子が見つかる確率を表している。

ないので、原子核の電荷はその中の陽子の電荷をあわせたものになります。どの原子も、原子核のまわりには陽子の数と同じだけの電子がいるので、外から見ると中性です。原子が集まって分子や、さまざまな身のまわりの物質ができていますが、それらも中性です。

静電気ってなに？

　原子は中性ですが、外側にある電子は原子からはがれやすい性質があります。原子や分子から電子がはがれると全体として正の電気をもっている状態になります。これを陽イオンといいます。逆に余分な電子がくっつくこともあり、そのときには陰イオンができます（→59ページ参照）。

　身のまわりの物質も原子や分子からできていてもともと中性ですが、物質の電子は原子や分子の電子よりもはがれたりくっついたりしやすいため、異なる物質をこすりあわせるだけで、片方の物質の電子がたくさんもう一方の物質にうつります。その結果、電子がはがれたほうの物質は正の電気をもち、電子がくっついたほうの物質は負の電気をもつようになります。これが摩擦電気（静電気）です。異なる物質をこすりあわせたとき、電子がどちらからどちらにうつるか、つまりどちらが正になりどちらが負になるかは、物質の組み合わせでだいたい決まっていて、順に並べることができますが、表面の状態によって微妙に順序が変わることもあります。身近なもので確実に静電気が起きる組み合わせに、

　　（正）アクリル棒＊──
　　　　　ティッシュペーパー（負）
　　（正）ティッシュペーパー──
　　　　　塩化ビニル棒（負）

があります（図2）。覚えておくと便利です。

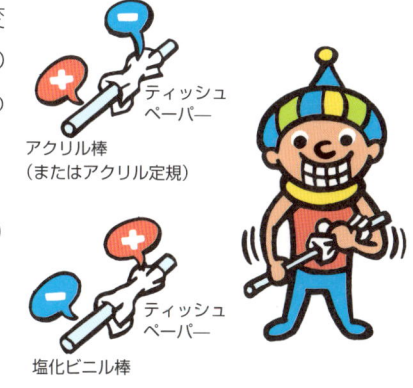

図2　摩擦電気（静電気）

＊　アクリル繊維は負になりやすいが、アクリル棒は正になりやすい性質がある。

静電気力ってなに？

電荷の間には力がはたらきます。これを静電気力（クーロン力）といいます。同種の電荷（正と正、または負と負）どうしは反発しあい、異種の電荷（正と負）は引き合います（図3）。クーロン力の大きさは、両方の電荷の積に比例し、距離の2乗に反比例します。式に書くと、2個の電荷の大きさを Q_1、Q_2、距離を r、とすると、力 F の大きさは

$$F = k\frac{Q_1 Q_2}{r^2} \quad (*)$$

と表すことができます。k はクーロンの法則の比例定数です。

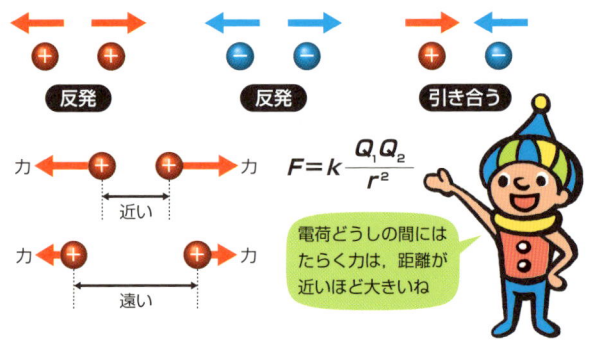

反発　　反発　　引き合う

$$F = k\frac{Q_1 Q_2}{r^2}$$

近い
遠い

電荷どうしの間にはたらく力は，距離が近いほど大きいね

図3　電荷どうしの力

抵抗ってなに？

抵抗（電気抵抗）は、電気の流れにくさを表します。ですから、抵抗が大きいほど電流は流れにくいのです（オームの法則→134ページ参照）。

金属には自由電子という、自由に動きまわれる電子が存在しています。この自由電子が電気を運びます。ただし、電子は負の電気をもっていますが、電流は正の粒子が運んでいると想定して向きを決めるので、電子の流れの向きと電流の流れの向きは逆になります。

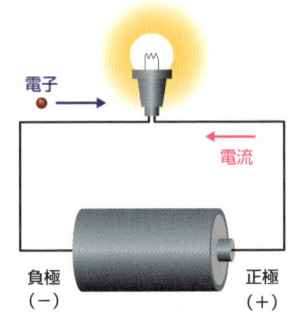

電子
電流
負極（−）　正極（＋）

金属の中では、それぞれの原子から1個ないし3個（原子の種類によります）ずつの電子が原子から離れて自由電子になっています。原子はもともと中性ですから、電子がなくなった原子は陽イオンになっていますが、金属全体としては中性です。電子は波の性質ももっているために、イオンが完全に規則正しく並んでいると、それらにぶつからずに流れます（図4）。これは抵抗がない状態ですが、格子欠陥（結晶の乱れ）や混ざりものがないように非常に注意深くつくった金属の結晶を絶対零度（→109ページ参照）に冷やさないと、このような状態は実現できません。

　どのような結晶でも絶対零度でなければイオンはその位置のまわりで乱雑に振動しています（図5）。これを格子振動といいます。このため電子がスムーズに進むことができず、抵抗が生じます*。

　通常は、結晶中に格子欠陥があったり混ざりものがあったりするので、電子はそれらにはね飛ばされて動きが乱されます。これらは絶対零度でも残る抵抗の原因になります（図6）。

←　電流の向き
→　電子の動きの向き

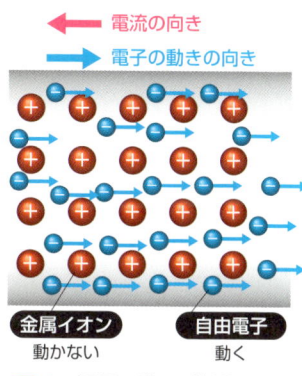

金属イオン　動かない
自由電子　動く

図4　電子の動き（抵抗がない状態）

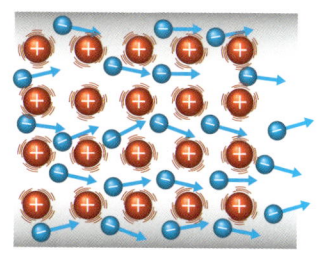

図5　格子振動による抵抗

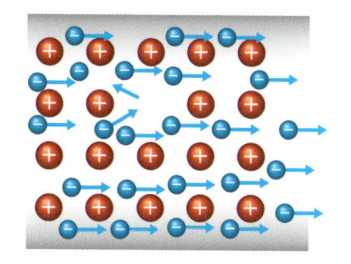

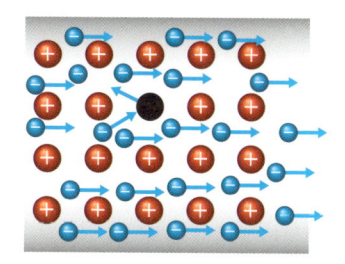

図6　格子欠陥や混ざりものによる抵抗

＊　イオンは絶対零度でも零点振動とよばれる振動をしていますが、この振動は抵抗の原因にはならない。

抵抗はこのようにさまざまな原因で生じますが、ふつうの金属では抵抗は小さいので、銅のような金属を導線として使ったときには、その抵抗を無視して考えてかまいません。

　回路に用いられる抵抗は、金属を導線として使うときよりも非常に細い線にしたり、非常に薄い膜にしたり、不純物を多くふくむ物質を使ったりして、抵抗を大きくしたものです。シリコンやゲルマニウムの半導体の抵抗は金属よりはるかに小さいのですが、これは自由電子の数が非常に少ないためです。

　なお、混ざりものがあっても、また、絶対零度でない低温でも、抵抗が0になる物質もあります。これを超伝導体といいます（→ 131 ページ参照）。

抵抗の性質

　同じ材質でできた抵抗の抵抗値は、長さに比例し、断面積に反比例します。その理由を考えましょう。電流が抵抗の端から端まで流れるとき、長いほど、流れを邪魔するものが増えます。このため、抵抗値は長さに比例します。抵抗が太くなったときはどうでしょうか。電流が流れる道すじが太くなるので、それだけ電流は流れやすくなります。このため、抵抗値は断面積に反比例するのです（図7）。

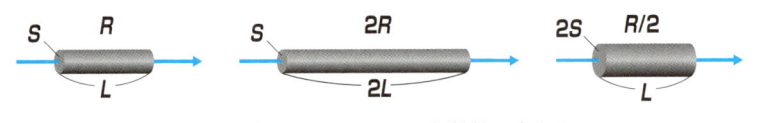

図7　太さや長さによって抵抗値は変わる

　この関係を式で表すと、L を抵抗の長さ、S を断面積、R を抵抗値とすると

$$R = k\frac{L}{S}$$

と書けます。比例定数 k は、（＊）の k と同じ記号を使いましたが、それとはちがう量で、抵抗率といいます。抵抗率は物質の種類と温度によって決まっています。

　温度を変えたときの抵抗値の変化は、銅や銀のような金属とシリコン

やゲルマニウムのような半導体では、反対の傾向があります。

　金属では温度が変わっても電気を運ぶ自由電子の数は変わりません。しかし、温度が上がってくると、電子の運動を邪魔する格子振動が激しくなり、抵抗が大きくなります。半導体でも温度が上がると格子振動は激しくなるのですが、それよりも急に、自由電子の数が増えてくるので、電気が流れやすくなり、抵抗は下がります。

超伝導

　ある種の金属や化合物では、絶対零度にならならなくてもある温度以下で抵抗が０になります。これを超伝導といいます。金属の超伝導のしくみは量子力学によって説明されており、２個の電子が対をつくって動くために格子振動や不純物の散乱を受けなくなると考えられています。酸化物の中には、液体窒素温度（77K、→ 109 ページ参照）以上の温度で超伝導になる物質もあり、高温超伝導体とよばれています。

　超伝導状態の物質は抵抗が０なので、電圧をかけなくても電流が流れます。このためジュール熱（→ 139 ページ参照）の発生はなく、電流はいつまでも流れつづけます。そこで、超伝導体でつくった導線で電気を送ると、エネルギーを失うことなく送ることができます。また電流のまわりには磁場ができるので、超伝導を使った電磁石は経済的な磁石になります。そのため、それを用いたリニアモーターカーが構想されています。ただし現在の段階では、超伝導状態をつくるためには液体窒素や液体ヘリウムを使って低温に冷やさなければならないので、そのための電力が別にかかることが、課題です。

交流・直流

　電気を回路に送り出す装置を電源といいます。電源には、直流電源と交流電源があります。直流電源の代表は乾電池などの電池です（→ 12 章参照）。電池には正の極と負の極があり、電流は正極から出て外部の回路をめぐって、負極にもどります。

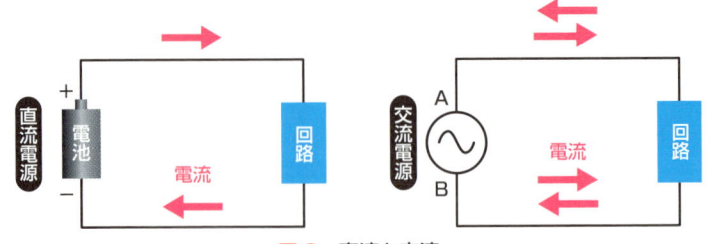

図8　直流と交流

　交流電源の代表は、電力会社から家庭に送られてきている商用電力の交流発電機です。交流電源の端子も2個ですが、それをA、Bとすると、あるときは電流が端子Aから出て回路をめぐり、Bにもどりますが、次に電流は端子Bから出て回路を巡って端子Aにもどり、これを交互にくり返します（図8）。1秒間のくり返しの回数を周波数といい、単位はヘルツ[Hz]です。商用交流の周波数は場所によって決まっており、東日本では50Hz、西日本では60Hzです。

　電流の正体は負の電気をもった粒である電子ですから、直流電源では負極から電子が出て回路をめぐり、正極にもどってきます。交流電源でも電子の流れは電流の流れと反対向きで、交互に向きを変えて流れています。

　電流の正体がわかる前から電気の正負が決められていたためにこのようなことになってしまいました。電気の現象では、電子が流れていると考えないと正しく説明できない現象もありますが、ほとんどの場合は電流で考えて大丈夫です。電流で考えて電流回路の性質を正しく理解し、電子で考えないと説明できないときだけ、電子で考えるのがいいでしょう。

発　電

　電流は、電池によっても得られますが、発電機によっても得られます。電池の電流は直流ですが、発電機ではふつう、交流をつくります。交流を直流に変えることもできます。それを整流といいます。

　発電には、磁場（→142ページ参照）の中を電気をもった粒子が動

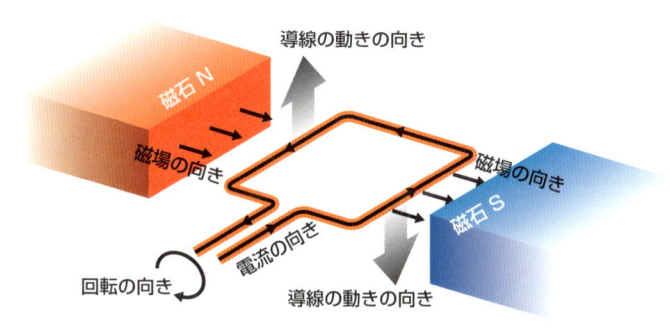

図9　磁場によって電流が流れる

くと力を受けるという現象を利用します。導線には自由電子がたくさんあるので、磁場の中で導線を動かすと、電流が流れるのです。図9は、その原理を示しています。逆に、導線は動かさず磁石を動かしても電流が発生します。

🟦 真空放電

　導線がないところを電流が激しく流れることを、放電といいます。雷は、大気中に起きる放電です。ガラス管の中に電極を入れて、外から高い電圧をかけ、空気を抜いていくと放電がはじまります。これを真空放電といいます。真空放電が起きているとき、電源の負極につながった電極から電子が飛び出し、正極につながった電極に飛んできます（図10）。

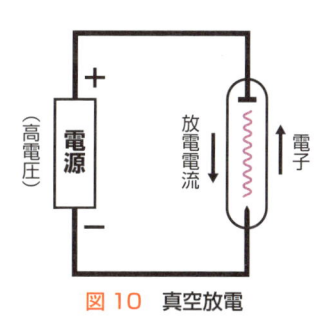

図10　真空放電

　色がついて見えるのは、少し残っている空気の中の窒素や酸素が発する色です。空気が非常に少なくなると、色はなくなってガラス管が薄い黄色い光を出します。空気の代わりにガラス管にさまざまな気体をごく少量入れて放電させると、その気体に特徴的な色で光ります。広告に使われるネオンサインはこれを利用したものです（→18ページ参照）。

23 電気回路
―回路のしくみはどうなってるの？―

　家庭で使われている電気製品はすべて、どこかで電気回路のはたらきを使っています。電気回路は電源と抵抗やトランジスタなどの回路素子を導線でつないで閉じた筋道をつくったものです。電源と抵抗からできた簡単な回路のしくみを見てみましょう。

🔘 電　源

　電源は、回路に電圧をかけて電流を流すはたらきをします。電源がつながっていない回路は、はたらきません。電源が回路に電流を流すはたらきを起電力、または電源電圧といいます。乾電池は、起電力（電源電圧）が一定に保たれるようにつくられた直流電源です。電源電圧を調節できる電源装置もあります。

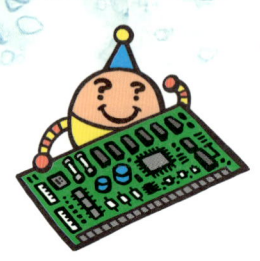

🔘 オームの法則

　回路に使われる最も基本的な素子（部品）が抵抗です。1本の抵抗を導線で電源につなぐと電流が流れます。抵抗値 R［オーム］の抵抗に V［ボルト］の電圧がかかっているときに流れる電流 I［アンペア］は、電圧に比例し抵抗値に反比例します。式で書くと、

$$I = \frac{V}{R} \quad (*)$$

です（図1）。これをオームの法則といいます。どんな複雑な回路の中にある抵抗でも、抵抗値 R、かかっている電圧 V、流れる電流 I の間に、いつでも式（*）が成り立っています。オームの法則は、抵抗値 R の抵抗に電流 I が流れているときの電圧 V を求める式

$$V = RI \quad (*)$$

134　よくわかる身のまわりの現象・物質の不思議

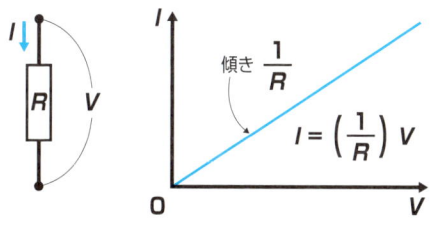

図1 電流・電圧・抵抗の関係

または、電圧 V をかけると電流 I が流れるような抵抗の抵抗値 R を求める式

$$R = \frac{V}{I} \quad (*)$$

の形でも使います。

■ 電源電圧と、抵抗にかかっている電圧はちがうの？

　電圧としては同じですが、大きくちがう面もあります。そのちがいは、回路につながれているときといないときを考えるとわかります（図2）。

　電源電圧は、電源が回路につながっているときもいないときも、同じ電圧です。たとえば乾電池では 1.5 V です。

　これに対して、抵抗にかかっている電圧は、抵抗が回路につながっていないときは 0 V です。回路につながっているときは、オームの法則（*）が成り立っているので、流れている電流を I とすると、電圧 $V=RI$ がかかっています。電流 I の大きさは、電源電圧が同じでも、回路のほかの部分がどうなっているかによってさまざまな値をとります。

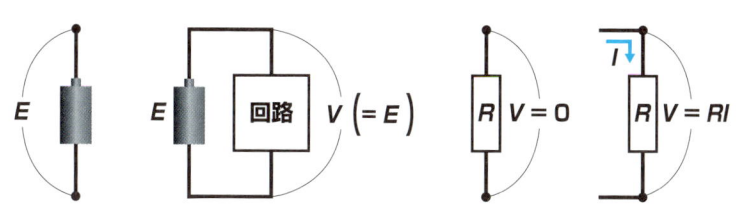

図2　電源電圧と、抵抗にかかる電圧

導線の抵抗値は抵抗の抵抗値よりはるかに小さいので 0 と考えてかまいません。このため、導線にはほとんど電圧はかかりません。

回路の考え方

電源と抵抗をふくむ回路は、どのように複雑でも、オームの法則とキルヒホフの法則を使えば各部分の電流や電圧を知ることができます。ここでは、キルヒホフの法則そのものについては説明しませんが、乾電池 1 個と、1 個または 2 個の抵抗からできた簡単な回路について、具体的にそれを使ってみましょう。

（1）一本道の回路を流れる電流はどこでも同じです。
（2）回路が分かれ道になっているところでは、そこに流れこんでいる電流の和と流れ出ている電流の和は同じです。
（3）電池の正極と負極の間の電圧はつねに電源電圧 E（1.5 V）です。
（4）ひとつながりの導線のどの 2 点の間の電圧も 0 V です。
（5）抵抗の両端の電圧と電流の間には、オームの法則が成り立っています。

1. 電源 1 個と抵抗 1 個の回路

抵抗の両側が電源の両端子につながっているので、電圧 V は電源電圧 E と同じです（図 3）。よって、抵抗を流れる電流は $I = \dfrac{V}{R} = \dfrac{E}{R}$ です。

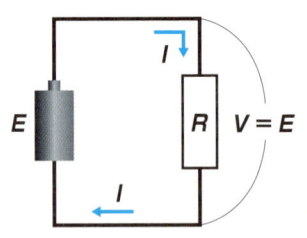

図 3　抵抗 1 個の回路

2. 電源 1 個と直列につながった 2 本の抵抗 R_1 と R_2 の回路

抵抗を縦につなぐことを直列つなぎといいます。図 4 のように抵抗値 R_1 と R_2 の 2 個の抵抗を直列にして乾電池につないだときのまとめた抵抗値は $R_1 + R_2$ になります。あわせた抵抗の両端は乾電池につながっているので、両端の電圧 V は E に等しい。そうすると、この一本

道の回路を流れる電流は $I = \dfrac{V}{R_1 + R_2} = \dfrac{E}{R_1 + R_2}$ です。

電流がわかったので、1番目の抵抗 R_1 にかかっている電圧は、

$$V_1 = IR_1 = \dfrac{ER_1}{R_1 + R_2}$$

2番目の抵抗 R_2 にかかっている電圧は

$$V_2 = IR_2 = \dfrac{ER_2}{R_1 + R_2}$$ です。

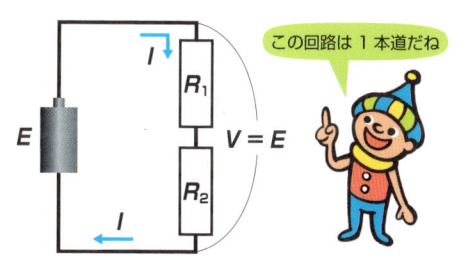

図4　直列つなぎ

3. 電源1個と並列につながった2本の抵抗の回路

抵抗を横に並べてつなぐことを並列つなぎといいます。図5のように抵抗値 R_1 と R_2 の2個の抵抗を並列にして乾電池につないだときのまとめた抵抗値がどうなるかは、すぐにはわかりませんが、次のように考えるとわかります。図の A、B、C の3点は導線だけで乾電池の＋端子つながっており、D、F、G の3点は導線だけで乾電池の－端子につながっているので、どちらの抵抗とも、両端の電圧は $V_1 = E$、$V_2 = E$ です。

図5　並列つなぎ

よって、1番目の抵抗R_1を流れる電流は $I_1 = \dfrac{V_1}{R_1} = \dfrac{E}{R_1}$ 、2番目の抵抗R_2を流れている電流は $I_2 = \dfrac{V_2}{R_2} = \dfrac{E}{R_2}$ です。

次に、図5のA、B、C、D、F、Gを流れる電流の大きさを考えてみましょう。Bと抵抗R_1とDとは一本道だから、BとDを流れる電流はI_1です。同様にC、Fを流れる電流はI_2です。Aを流れる電流は、BとCを流れる電流に分かれる前の電流ですから、$I_1 + I_2$です。Gを流れる電流は、DとFを流れる電流が合わさったものだから$I_1 + I_2$です。Gと電源とAは一本道なのでGを流れる電流はAを流れる電流に等しくなければなりませんが、確かにそうなっています。

このことから、抵抗R_1とR_2を並列につないだときのまとめた抵抗値Rは、

$$R = \dfrac{E}{I_1 + I_2} = \dfrac{E}{\dfrac{E}{R_1} + \dfrac{E}{R_2}} = \dfrac{1}{\dfrac{1}{R_1} + \dfrac{1}{R_2}} = \dfrac{R_1 R_2}{R_1 + R_2}$$

とわかります。

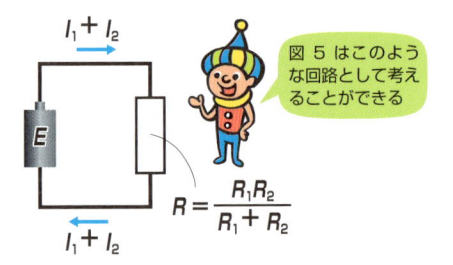

図5はこのような回路として考えることができる

電気とエネルギー

回路全体に電圧V[ボルト]がかかっていて、電流I[アンペア]が流れているとき、回路全体でエネルギーが消費されています。1秒あたりのエネルギー消費は

$$P = IV \text{ [ワットまたはジュール/秒]}$$

です。Pを電力といいます。t秒間では

$$W = IVt \text{ [ジュール]}$$

のエネルギーが消費されます。これを電力量といいます。

回路のある部分、たとえば抵抗1個に電圧V[ボルト]がかかって

いて電流 I〔アンペア〕が流れているときには、同様にその部分で1秒あたり

$$P = IV = RI^2 = \frac{V^2}{R} \quad \text{〔ワットまたはジュール/秒〕}$$

の電力が消費されています。t 秒間では

$$W = IVt = RI^2t = \frac{V^2t}{R} \quad \text{〔ジュール〕}$$

の電力量が消費されます。

　これらの式からわかるように、電圧と電流の両方のはたらきでエネルギーが消費されます。もし電圧か電流のどちらかが0のときは、エネルギーは消費されません。たとえば、超伝導体では電圧0で電流が流れるので、エネルギーは消費されません。ふつうの回路の導線の部分も電圧がほとんど同じ（どの2点を取ってもその間の電圧がほとんど0）で電流が流れているので、エネルギーはほとんど消費されません。また絶縁体（自由電子がないために電流が流れない物質）に電圧をかけても電流は流れませんので、エネルギーは消費されません。

ジュール熱

　抵抗で消費されるエネルギーは熱になります。これをジュール熱といいます（→107ページ参照）。豆電球などの白熱電球のフィラメントはタングステンという金属でできていますが、非常に細くつくられているので、導線よりずっと大きな抵抗値をもっています。白熱電球の光は、そのため発生したジュール熱で高温になったフィラメントから発生しています。抵抗値 R の抵抗で発生する1秒あたりのジュール熱は、電力

$$P = IV = RI^2 = \frac{V^2}{R} \quad \text{〔ワットまたはジュール/秒〕}$$

に等しく、t 秒間に発生するジュール熱は電力量

$$W = IVt = RI^2t = \frac{V^2t}{R} \quad \text{〔ジュール〕}$$

に等しくなります。これらの式から、電圧が一定なら抵抗が小さいほど消費電力は大きく、電流が一定なら抵抗が大きいほど消費電力が大きいことがわかります。

24 磁気

— 磁石にものがくっつくしくみは？ —

磁石は、磁石の性質をもった原子からできている物質です。磁石のまわりには磁場ができています。どんな金属でも電流を流すとそのまわりに磁場ができます。これは、原子の性質が変わったのではなく、電流の性質です。

🟪 磁石にくっつくものとくっつかないものがあるのはなぜ？

磁石にはN極とS極があります。極と極には力がはたらきます。同じ極どうし（N極とN極、またはS極とS極）は反発しあい、異なる極（N極とS極）は引きあいます（図1）。磁石にくっつくのは、磁石になる性質をもった物質です。そのような物質は、それをつくっている原子や分子が磁石の性質をもっています。たとえば鉄は磁石になる物質です。鉄のかたまりに磁石のN極を近づけると、多くの原子が、磁石の側がS極になるようにそろいます。アルミニウムの原子には磁石の性質がないので、磁石にならず、また磁石にくっつきません。

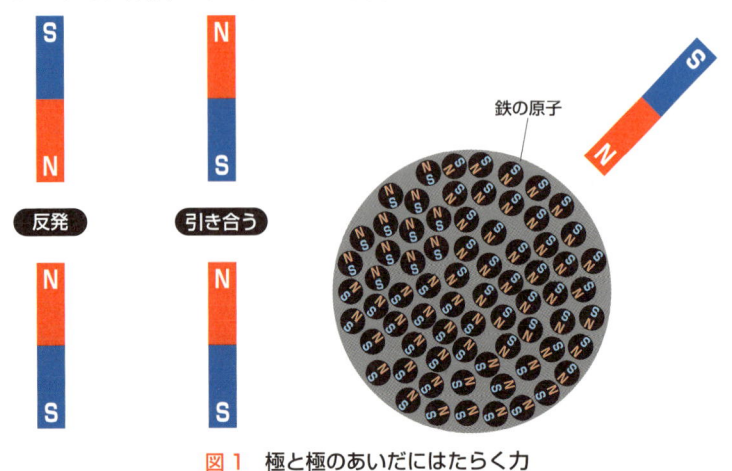

図1　極と極のあいだにはたらく力

磁気

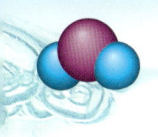

■ 磁石にくっついた鉄が別の鉄を引きつけるのはなぜ？

鉄に磁石のＮ極を近づけると、鉄はそれ自体が、磁石に近い側がＳ極になっているような磁石になります（図2）。したがってさらに別の鉄を引きつけることができるのです。

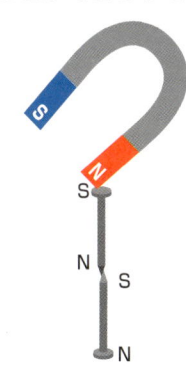

図2　鉄自体が磁石になる

■ 方位磁針はどうしていつも北をさすの？

磁石のＮ極のＮは英語の北（North）の意味です。Ｓは英語の南（South）の意味です。方位磁針は細くて小さい磁石です。北をさすほうがＮ極、南をさすほうがＳ極になっています。じつは、地球は大きな磁石になっていて、北極付近にＳ極があり、南極付近にＮ極があります。このため、磁針のＮ極はＳ極のある北をさし、Ｓ極はＮ極のある南をさすのです。ただし地軸で決まる北極と、地球の磁石のＳ極の位置は、約9°、距離にして約1000 kmずれています（図3→『マイ ファースト サイエンス　よくわかる宇宙と地球のすがた』82ページ参照）。

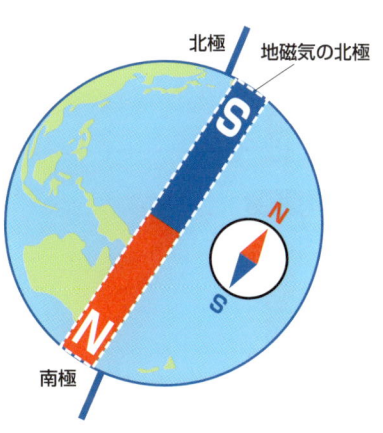

図3　地球は大きな磁石である

141

自分で磁石をつくることができるの？

鉄には、軟鉄と鋼鉄があります。針金のような軟鉄は磁石になりにくく、くぎや刃物のような鋼鉄は磁石になりやすいです。磁石は、強い磁石と、鋼鉄があれば簡単につくれます。鉄のくぎを使って実験してみましょう。強い磁石の片方の極で鉄を同じ方向に何回か強くこすります。それだけでくぎは磁石になり、他の鉄くぎやゼムクリップを引きつけるようになります。たとえば図4は、こするときの様子とできあがった磁石の極を示しています。

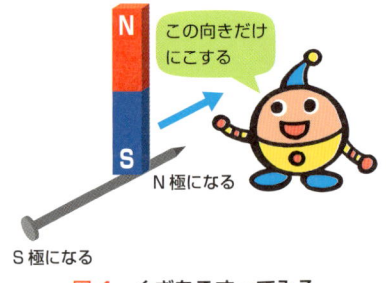

図4　くぎをこすってみる

くぎの磁石の極を調べるには、器に水をはって、くぎをアルミ箔でつくった船に乗せて浮かべます（図5）。すると、くぎは南北の方向を向いて止まります。このとき、北をさしている端がN極です。

図5　くぎの極を調べる

磁場ってなに？

これまで、磁石の同じ極どうしは反発し、ちがう極は引きあうと考え

てきましたが、別の考え方も可能です。それは、1つの磁石のまわりにはN極からS極に向かう磁場ができているという考え方です（図6）。そして、磁場の中に置かれた別の磁石はN極が磁場の向きを向くようになると考えるのです。地球の磁石は南極にN極があるので、磁場は南極から北極に向かっています。このため、磁針のN極は北のほうを向くと考えるのです。磁場は電流のまわりにもできます。電流が流れているまっすぐな導線のまわりに方位磁針を置くと図6のような向きを向きます。このことから、電流のまわりには、図のような磁場ができていることがわかります。このとき導線をつくっている原子の性質が変わったのではなく、電流に磁場をつくる性質があるのです。

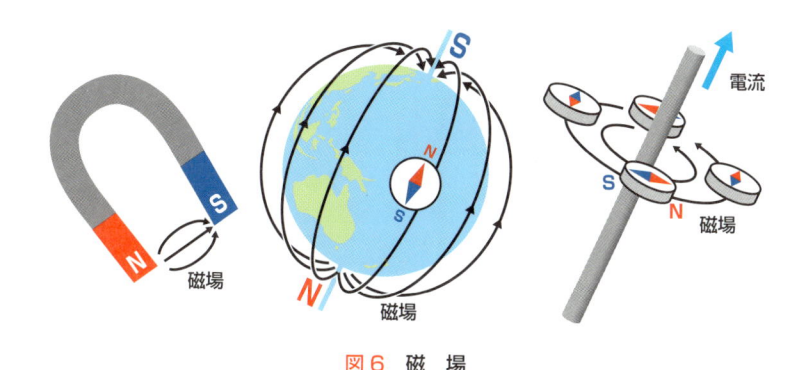

図6　磁　場

電磁石ってなに？

導線を輪にして電流を流すと、その近くには電流の向きによって向きが決まる図7のような磁場ができます。導線を何回も巻いて図のよう

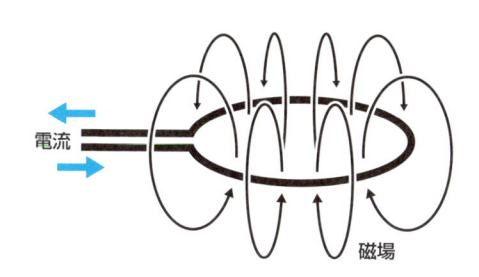

図7　導線のまわりの磁場

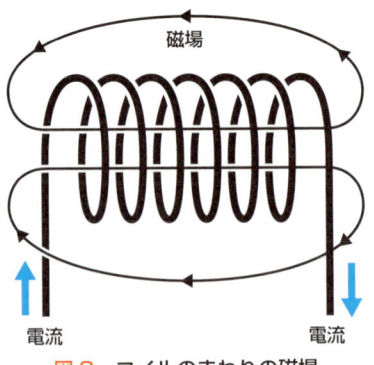

図8 コイルのまわりの磁場

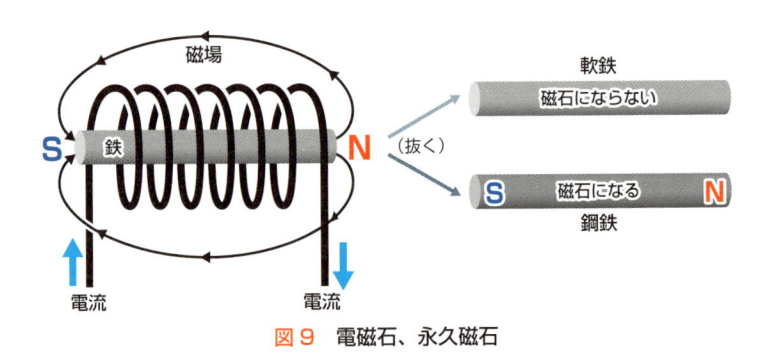

図9 電磁石、永久磁石

　なコイルにすると、図8のような磁場が生じます。このコイルの中に鉄を入れると、磁場は強くなります。鉄が軟鉄の場合、電流を切ると磁場はほとんどなくなります。電磁石は軟鉄のこの性質を使っています。鉄が鋼鉄の場合は、電流を切った後コイルからとり出しても磁石のままです（図9）。これを永久磁石といいます。このように、磁石はくわしくいうと電磁石と永久磁石に分けられます。

■ モーターの磁石はどのようなはたらきをしているの？

　モーターを分解すると、磁石が出てきます。モーターは、磁石の近くで導線に電流を流すと電流と直角の方向に力を受けるという性質を利用しています。磁場の向きと電流の向きと受ける力の向きは図10のよう

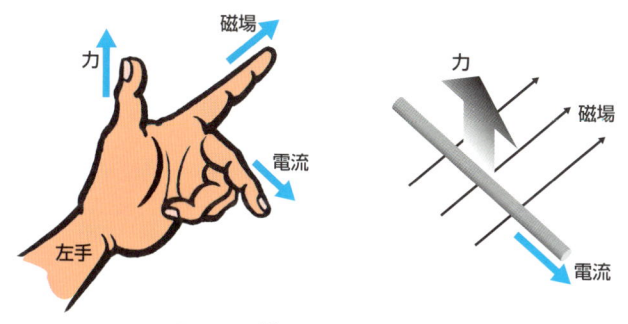

図10　磁場、電流、力の向き

な関係になっています。

　エナメル線（密着するうすいプラスチックで被覆した銅線。ホルマル線など）を使って図11のような簡単なモーターをつくってみましょう。太めのエナメル線を何回か巻いて丸い輪をつくり、両端をだいたい直径の方向（実際にはバランスがとれる位置にちょっとずらします）にのばすように残して、ゼムクリップでつくった架台にかけます。エナメル線の輪が図のようになったとき、のばしたエナメル線の下半分の被覆をはがすのがコツです。このようにしたあと、架台を通じて電流を流すと、輪の、いま下にある部分が磁石のそば（強い磁場の中）を通るとき、いつでも同じ向きに力を受けるので、回りつづけます。エナメル線を流れる電流の筋道をたどって、そのことを確かめましょう。

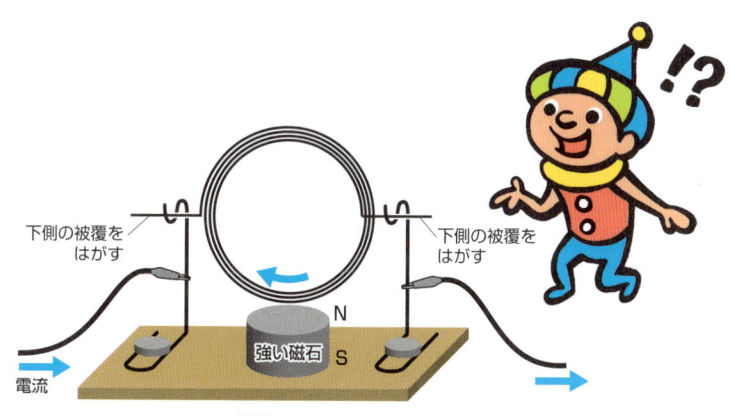

図11　モーターのつくり方

25 電磁波

―電磁波ってなに？　どんなところにあるの？―

電磁波にはいろいろな種類があり、それぞれ異なる用途で使われています。人体への影響も種類によって異なります。

電磁波ってなに？

電場と磁場が振動しながら空間を進む波を電磁波といいます。放送局や携帯電話の電波は、アンテナに決まった振動数の電流を流してつくります。電磁波は、雷などの放電でも発生します。電波は、比較的波長の長い電磁波です（図1）。光（赤外線、可視光、紫外線）は電波よりも波長の短い電磁波です。光は、高温の物体から発せられたり、原子や分子が不安定な状態（励起状態）から安定な状態（基底状態）になるときに出たりします。さらに波長の短い電磁波に、X線やガンマ線があります。X線は、高速の電子の進行方向が原子核のそばで曲げられたり磁場によって曲げられたりしたときに生じます。ガンマ線は放射性物質（→159ページ）から生じます。これらはすべて、波の波長や振動数が異なるだけで同じ電磁波です。

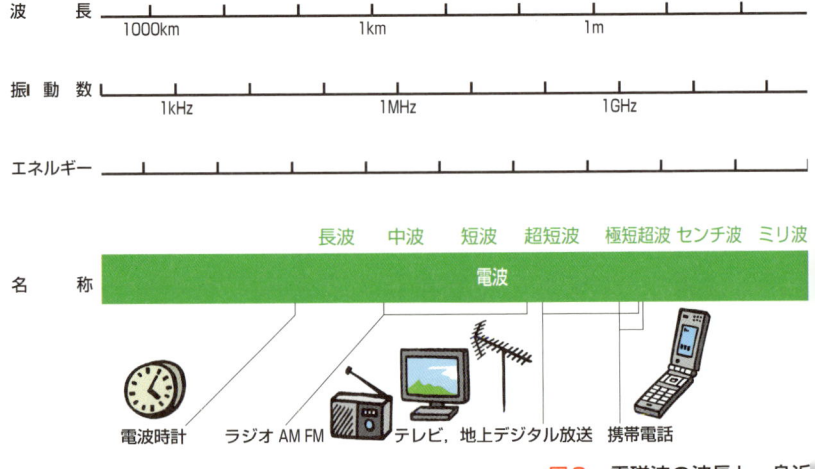

図2　電磁波の波長と、身近

電磁波

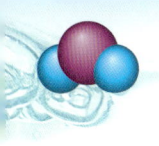

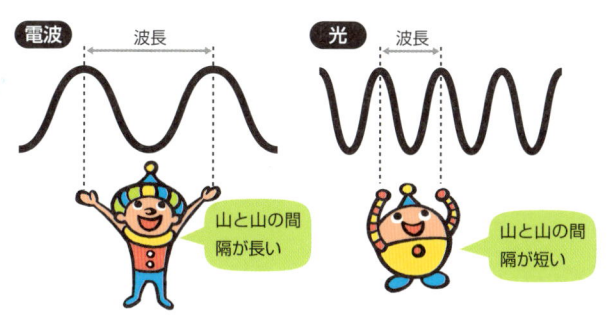

図1 電波の波長と光の波長

　音波や海の波は、波を伝える空気や海水がないと伝わりませんが、電磁波は真空中でも伝わるという特別な性質をもっています。真空中を伝わる速さは、電波でも光でもX線でもガンマ線でも同じで、$c=2.99792458 \times 10^8$ m/秒です。これは、秒速約30万kmです。地球の周囲の長さは約4万kmなので、電磁波は1秒のあいだに地球の7周半分の距離に等しい直線距離を進みます。

電磁波のいろいろ

　電磁波は、波長または振動数によって分類されています。（波長）×（振動数）＝ c（光速）の関係があるので、波長が長いほど振動数は小

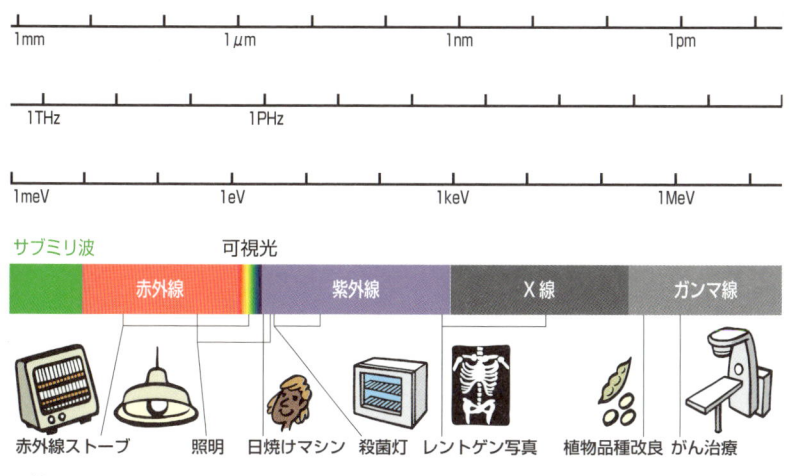

で使われている電磁波の例

さく、振動数が大きいほど波長は短くなります。波長で区分すると、図2のように、長いほうから、電波の長波、中波、短波、超短波、極超短波、センチ波、ミリ波、サブミリ波とよばれています。つづく赤外線、可視光、紫外線は波長の桁ではなくはたらきで区分されています。サブミリ波は波長の長い赤外線（遠赤外線の一部）であるといえます。さらに波長が短くなると、X線、ガンマ線となります。ただし、これらの電磁波の区分は厳密なものではなく、また、境界で性質が急に変わるわけでもありません。

　最近、電波の分野では、振動数による区分のほうが主流になってきました。振動数は1ヘルツ［Hz］という単位で表します。1 Hzは1秒間に1回振動する速さです。高い振動数はkHz（キロヘルツ、10^3 Hz）、MHz（メガヘルツ、10^6 Hz）、GHz（ギガヘルツ、10^9 Hz）、THz（テラヘルツ、10^{15} Hz）のように3桁ごとの区分で表されます。

電磁波の体への影響？

　電磁波が人体に吸収されると、さまざまな影響があります。なかにはまったく心配する必要のない場合もありますが、悪い影響がある場合もあります。まだわかっていないことも多いので、波長によらず波の強さが非常に大きいところには、近づかないほうが無難です。

　波長の長いほうから見ていきましょう。波長の長い電波はあまり悪い影響はなさそうです。ただし、電波を発している器具は心臓のペースメーカーに影響を与えないとはいえないので、電車やバスの優先席付近では使わないようにアドバイスされています。

　電子レンジの波長は水をあたためる効果があるので、水を多くふくむ人体にとっては多く浴びると有害です。

　遠赤外線は体の中まで進むので、体の内側からあたたかくなります。木炭や熱した石から出る遠赤外線は、焼き魚や焼きイモを内側からあたためます。

赤外線は吸収されやすいので内部まで進まず表面だけをあたためます。遠赤外線や赤外線は弱ければあたたかいだけですが、浴びすぎるとやけどをします。

　可視光は体の表面で吸収されます。肌の色はどの波長が強く吸収されるかで決まります。可視光は無害ですが、強い可視光を見ると網膜（もうまく）が傷つくことがあるので注意しましょう。

　紫外線も皮膚（ひふ）で吸収されます。紫外線は化学反応を起こすはたらきがあるので、日焼けをします。DNA（遺伝子）（→『マイ ファースト サイエンス　よくわかる気象・環境と生物のしくみ』80ページ参照）を傷つけることもあり、皮膚がんの原因になることがあります。

　X線は人体を通りぬけますが、一部は吸収されます。吸収の度合いは内臓の種類によって異なります。レントゲン写真やX線CTによって診断ができるのはこのためです。ただし、吸収されたX線はDNAを傷つける可能性があるので、あまり浴びないようにすることが大切です。

　ガンマ線はX線よりもさらに通りぬけやすいのですが、部分的に吸収された場合でもDNAを傷つけるはたらきは大きいので、あまり浴びないような注意が必要です。ガンマ線は、がんになってしまった細胞を殺したり、植物の品種を改良したりするためにも使われています。

コラム　『X線とガンマ線』

　波長の短い（エネルギーが高い）電磁波であるX線とガンマ線の区別のしかたには2通りあります。天文学や宇宙物理学以外の自然科学の分野では、その発生源がはっきりしていることが多いので、発生のしくみで区別します。つまり、原子核の崩壊や粒子と反粒子の対消滅（ついしょうめつ）から生じる電磁波をガンマ線とよび、原子を構成している電子のエネルギーが変わるときや、高エネルギーに加速された電子が磁石による磁場や原子核の電場で急に曲げられたときに生じる電磁波をX線とよびます。これに対して、天文学や宇宙物理学の分野では、宇宙の彼方から飛んでくる波長の短い電磁波の発生のしくみが確定できない場合も多いので、波長で分類するのがふつうです。この場合具体的には、$\lambda = 0.01$ nm 付近を境として、波長の長いものをX線、短いものをガンマ線とよびます。

26 光

― ものが見えるのはどんなしくみ？ ―

　私たちは目でものを見て、その色や形からそれがなにかを知ることができます。ものの色や形がわかるのは、ものが乱反射する光を目のレンズがとらえるからなのです。ここでは、光の性質やレンズのしくみを学んでいきましょう。

■「見える」ってどういうこと？

　まぶたを閉じるとわかるように、光が目に入らなければものは見えません。目に入った光は水晶体のはたらきで網膜に物体の像を結び、網膜上にある細胞が受けた刺激が視神経によって脳に伝えられ、脳はものが見えます（図1）。

　目に見えるものには2種類あります。1つは、自分で光を出してい

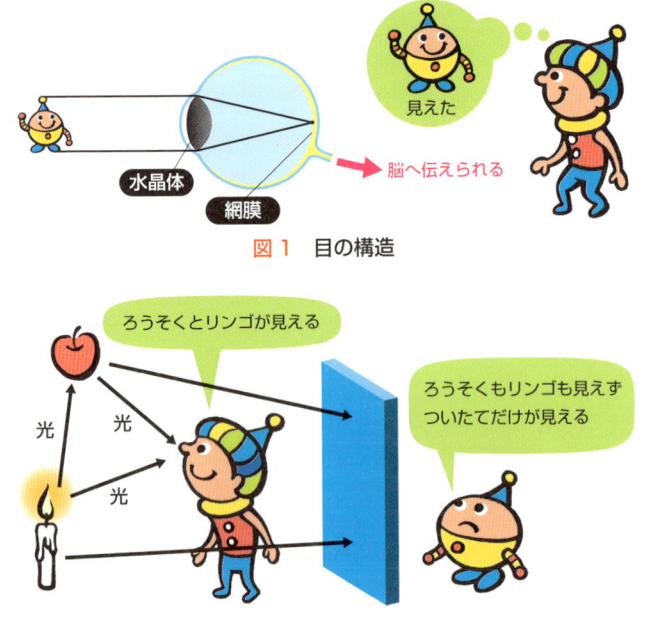

図1　目の構造

図2　ものが見えるしくみ

150　よくわかる身のまわりの現象・物質の不思議

るものです。太陽や、ろうそくの炎や、蛍光灯や、テレビの画面などはこれにあたります。これらを光源といいます。もう1つは、光源に照らされて、当たった光を乱反射している物体です。たいていの物体は表面がでこぼこになっており、当たった光を四方八方に反射します。これが乱反射です。光源からの光が目に入ると光源が見え、物体から乱反射した光が目に入るとその物体が見えます（図2）。

■ 光とは？

人間の目で直接見える電磁波を光（または可視光）といいます。見える波長の範囲には個人差がありますが、380〜770 nm がその範囲で、波長の長いほうから、赤、橙、黄、緑、青、藍、紫になっています（図3）。

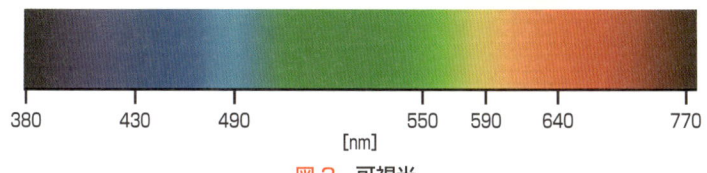

図3　可視光

■ 電磁波に色があるの？

いいえ。私たちが見る光の色は、電磁波がもっている色ではなく、電磁波が網膜に当たったときに目の神経が反応し、その刺激が脳に伝わって脳が感じた感覚にすぎません。どの波長の範囲が見えるかは生物の種類によって異なり、昆虫は、人間には見えない紫外線が見えているようです。

視神経が光を感じるしくみ

人間の網膜にある視神経には、赤から黄色によく感じるL型、黄色から緑によく感じるM型、青から紫によく感じるS型の、3種類の細胞（錐体細胞）があります（図4）。光が網膜に当たるとこれらの錐体細胞が反応して脳に信号を送ります。光の波長によってそれぞれの錐体細胞が送る信号の強さの割合が異なります。脳は、その割合がちがうとちがう色に感じるのです。

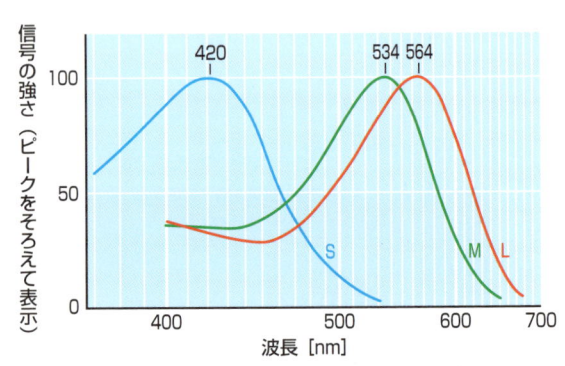

図4　光の波長に対する錐体細胞の反応

光の三原色

赤、緑、青の波長の光を出す光源を用意して白い紙の同じ場所に当ててみます。三色の光の強度の割合を変えると、人間の脳は、光が当たっ

光の三原色がまざると白になるね！

図5　光の三原色

た部分を、さまざまな色に感じます。この三色で人間の感じるすべての色をつくることができるので、これを光の三原色といいます（図5）。このとき、光の三原色がまざって別の波長の光になるわではありません。三原色の光自体に変化はなく、同時に紙に当たっているだけなのに、脳が混乱して別の1つの色に感じるのです。テレビやコンピュータのモニターのカラー画面は、脳のこの性質を利用しています。三原色の光全部を同じ強度で当てると、白色になります。

自らは光を出さない物体の色

自らは光を出さない物体も、太陽や蛍光灯のように可視光全体のさまざまな波長の光をふくむ光源（白色光といいます）に照らされると、色がついて見えます。これは、物体が可視光の一部を吸収し、残りを反射するためです。たとえば、光合成をする植物の葉が緑色に見えるのは、葉の中の葉緑体が、赤い色と青紫色を吸収し、緑色は吸収しないで反射するためです（図6）。反射される光に光の三原色がふくまれていてもいなくても、錐体細胞が出す信号の強さによって、脳はその物体の色を感じます。

図6　葉が緑色に見えるしくみ

太陽の光を一様に乱反射する物体は白く見えます。一様に少し吸収する物体は灰色に見えます。一様に強く吸収する物体は黒く見えます。

絵の具の三原色

異なる色の絵の具は、それぞれ異なる範囲の波長の光を吸収して、残りの範囲の波長の光を反射します。絵の具の色は、その光を受け取った人間の脳が感じる感覚です。赤、青、黄（現代の印刷ではシアン（緑青）、マゼンダ（赤紫）、黄）を絵の具の三原色といいます（図7）。これらをいろいろな割合で混ぜると、吸収される色の割合が変わって、いろいろ

図7 絵の具の三原色

な色をつくることができるからです。光の三原色とちがい、三原色全部を同じ割合で混ぜると、一様な吸収が起こるので黒になります。

■ 光の直進・反射・屈折

　光は真空中のほか、透明な気体・液体・固体の中を進みます。これらをまとめて媒質といいます。光は、一様な媒質の中では直進します。
　しかし、2種類の媒質の境界では反射や屈折をします。

反　射

　真っ平らな面に光線が当たると、図のような入射角と反射角が等しくなるような向きに反射されます（図8）。

$$\theta（入射角）= \theta'（反射角）$$

このような反射を、でこぼこな面で起きる乱反射と区別して、正反射ともいいます。

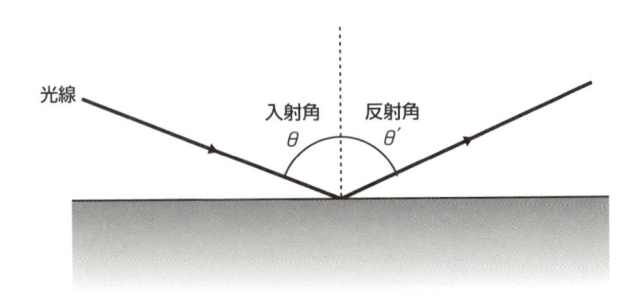

図8　正反射

屈折

2種類の媒質の境界面にななめに進んできた光は、境界で向きを変えて進みます（図9）。これを光の屈折といいます。たとえば、ガラスの表面は空気とガラスの境界ですから、光は屈折します（境界では光の反射も起こっています）。

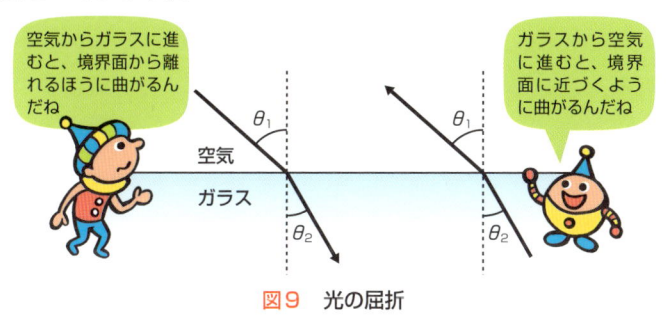

空気からガラスに進むと、境界面から離れるほうに曲がるんだね

ガラスから空気に進むと、境界面に近づくように曲がるんだね

図9　光の屈折

光が屈折して進むとき、図9左に示した入射角 θ_1 と屈折角 θ_2 には、屈折の法則

$$n_1 \sin \theta_1 = n_2 \sin \theta_2 \quad (*)$$

が成り立ちます。ここで、n_1、n_2 は媒質1、2の屈折率（絶対屈折率）です。この式から、屈折率の小さな媒質（図では空気）から屈折率の大きな媒質（図ではガラス）に光が屈折して進むときは、屈折角は入射角より小さくなり、光は境界面から離れる方に曲がります。

屈折率の大きな媒質2（ガラス）から屈折率の小さな媒質1（空気）に光が進むときは、ちょうど逆の道筋をたどり、光は境界面に近づくように曲がります。このときは θ_2 が入射角で θ_1 が屈折角です。式（*）はそのまま成立します。

屈折率の大きな媒質から小さな媒質に進むとき、入射角をだんだん大きくしていくと、屈折した光は境界面に沿って進むようになります（図10）。入射角をそれより大きくすると光は屈折率の小さな物質の中に入ることはできず、すべて反射されます。これを全反射といいます。

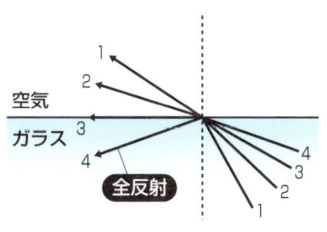

図10　入射角を大きくすると全反射が起きる

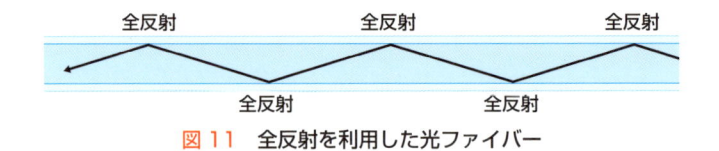

図11 全反射を利用した光ファイバー

インターネットなどの信号を伝える光ファイバーは、内側が屈折率の大きな媒質、外側が屈折率の小さな媒質になっているようなガラスやプラスチックの細い線です。このため内側の媒質に入った光は境界面で全反射しながら、ほとんど弱くならずに遠くまで進むことができます（図11）。

■ 凸レンズと凹レンズ

レンズには、凸レンズと凹レンズがあります（図12）。

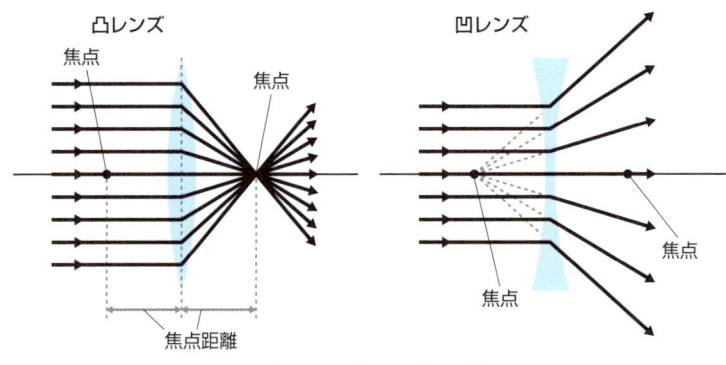

図12 凸レンズと凹レンズ

凸レンズは中心部が周辺部より厚くなっています。凸レンズにまっすぐ入った光線は、すべて一点に集まってさらにすすみます。集まる点を凸レンズの焦点といい、レンズ中心から焦点までの距離を、焦点距離といいます。

凹レンズは中心部が周辺部より薄くなっています。凹レンズにまっすぐ入った光線は、すべて一点から出たように進みます。この一点を凹レンズの焦点といいます。

■ 凸レンズによる像

目から離した凸レンズを通して遠くを見ると、遠くのものが逆さに

図 13　凸レンズによる実像

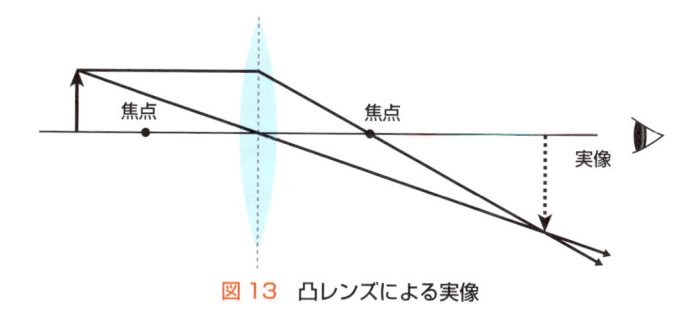

なって小さく見えます。これを凸レンズの実像といいます（図 13）。小さな像なのでレンズの向こうにあるように見えますが、それは錯覚で、実際にはレンズの手前に像ができています。それを確かめるには、手前に白い紙やすりガラスを置くとそこに像が映し出されることからわかります。実際に映し出すことができるので実像とよばれます。なお、実像は物体より小さいとはかぎりません。物体がレンズの焦点に近づくと物体よりも大きな実像ができます。（凸レンズを通して、決して太陽や強い光の光源を見てはいけません。目を痛めます。）

　凸レンズで近くのものを見ると、向きは変わらず大きく見えます（図 14）。これを凸レンズの虚像といいます。虚像が見えるためには、物体は焦点とレンズの間になければなりません。この虚像はレンズの向こう側（見ている物体と同じ側）にできていますが、光がそこに集まっているわけではないので、すりガラスなどに像を写すことはできません。このために虚像とよばれます。虫眼鏡は凸レンズに枠をつけて、この拡大された虚像を見る道具です。

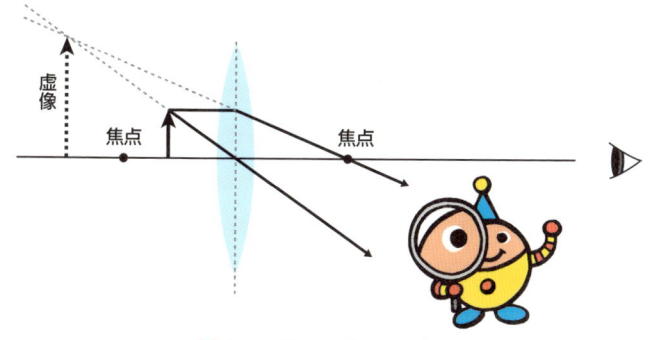

図 14　凸レンズによる虚像

物理／化学部　「電磁波の波長と振動数」「種々の物質の屈折率」ほか

27 放射線

―放射線ってなに？ どんなしくみで出てくるの？―

原子にはさまざまな同位体があります。安定同位体はいつまでもそのままですが、放射性同位体は不安定で、原子核崩壊をして放射線を出します。

■ 同位体ってなに？

原子は原子核と電子からできています（→16ページ参照）。原子核の中には、プラスの電気をもった陽子と中性の中性子があります（図1）。原子の性質は電子の数によって決まりますが、それは原子核の中の陽子の数と同じなので、陽子の数で決まるともいえます。そこで、原子核の中の陽子の数を原子番号という原子を区別する番号として使います。

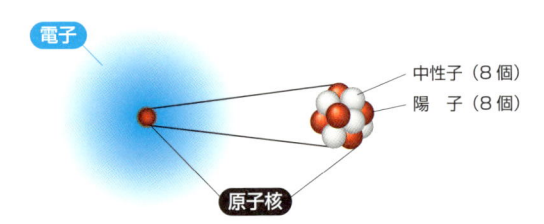

図1 酸素16（ふつうの酸素）の原子核

陽子の数が同じで中性子の数が異なる原子核をもつ原子どうしは、ほとんど同じような性質をもっています。そのような原子をたがいに同位体であるといいます。原子核の中の陽子の数と中性子の数をあわせたものを質量数といいます。同位体を記号で区別するときには、元素記号を書いてその左上に質量数を書きます（図2）。原子番号は元素記号から

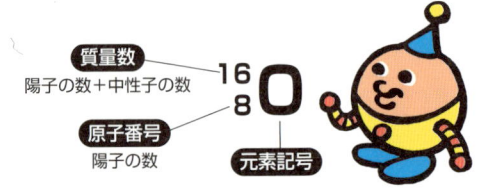

図2 同位体（酸素16）の表記

わかるので書かなくてもいいのですが、書く場合は元素記号の左下に書きます。

（例）^1_1H(水素)、^2_1H(重水素)、^3_1H(三重水素)、$^{16}_8O$(酸素)、$^{18}_8O$(酸素18)

放射線と放射能

同位体には、安定なもの（安定同位体）と、不安定なもの（放射性同位体）があります。上の（例）に記した5種の同位体のうち、三重水素は放射性同位体ですが、ほかはすべて安定同位体です。

安定同位体はいつまでも変化しませんが、放射性同位体は原子核から放射線を出して別の種類の原子核になります。これを原子核崩壊といいます。放射線とは、放射性同位体の原子核の中から出てくるアルファ（α）線、ベータ（β）線、ガンマ（γ）線をまとめた名称です。（日本語の場合、単に「放射」という場合は電磁波を意味します。）

放射能という言葉は、放射線を出す物質、または放射線の強さを表すように使われることもありますが、これは正しくありません。正しくは、1秒間あたりの原子核崩壊の数です。壊変率ともいいます。放射線を出す物質は放射性物質とよばれます。

アルファ線は原子核の中から陽子2個と中性子2個がまとまって（ヘリウムの原子核として）放出されたものです。残された原子核は、原子番号が2だけ小さく質量数が4だけ小さい別の原子の原子核になります（図3）。これをアルファ崩壊といいます。

（例）$^{238}_{92}U \longrightarrow {}^{234}_{90}Th + \alpha$ （αはアルファ線を表す）

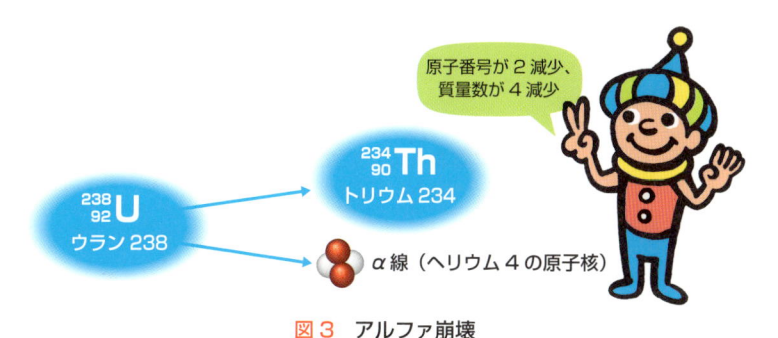

図3　アルファ崩壊

ベータ線は電子です。電子は原子核の中には存在しませんが、放射性同位体の原子核の中で中性子が陽子に変わるときに新たに発生して放出されます。残された原子核は、原子番号が1だけ大きく質量数は変わらない別の原子の原子核になります（図4）。これをベータ崩壊といいます。

（例）　$^{42}_{18}\text{Ar} \longrightarrow {}^{42}_{19}\text{K} + \text{e}^-$　（e^-は電子を表す）

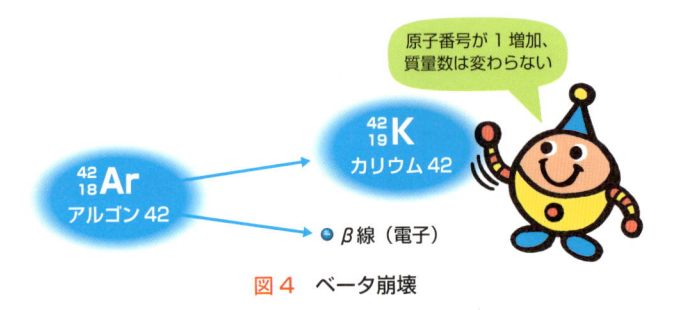

図4　ベータ崩壊

　逆に陽子が中性に変わる放射性同位体もあり、そのときには陽電子（電子の反粒子で、プラスの電気をもっている）が発生して放出されます。残された原子核は原子番号が1だけ小さく質量数は変わらない別の原子の原子核になります（図5）。これもベータ崩壊ですが、とくにベータプラス崩壊とよばれることもあります。

（例）　$^{22}_{11}\text{Na} \longrightarrow {}^{22}_{10}\text{Ne} + \text{e}^+$　（e^+は陽電子を表す）

図5　ベータプラス崩壊

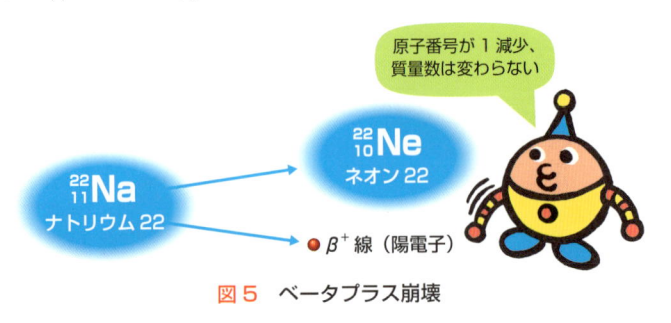

　ガンマ線は波長の短い（エネルギーが高い）電磁波です（→146ページ参照）。ガンマ線も原子核の中には存在しませんが、アルファ崩壊やベータ崩壊で生まれた新しい原子核は通常、励起状態（エネルギーが

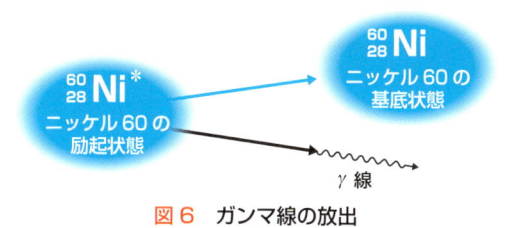

$^{60}_{28}\text{Ni}^*$ ニッケル60の励起状態

$^{60}_{28}\text{Ni}$ ニッケル60の基底状態

γ線

図6　ガンマ線の放出

高い状態）にあるので、それが基底状態（安定な状態）になるときに新たに発生して放出されます（図6）。このときは原子番号も質量数も変わりません。

（例）　$^{60}_{28}\text{Ni}^* \longrightarrow {}^{60}_{28}\text{Ni} + \gamma$　（γはガンマ線を表す）

この例の $^{60}_{28}\text{Ni}^*$ は、コバルト60のベータ崩壊によって生じたニッケル60の励起状態です。（くわしく言うと、コバルト60は2種類のベータ崩壊で $^{60}_{28}\text{Ni}^*$ になります。1つはベータ線だけを放出して $^{60}_{28}\text{Ni}^*$ になりますが、ほかの1つはベータ線と別のガンマ線を出して $^{60}_{28}\text{Ni}^*$ になります。よく利用される「コバルト60のガンマ線」は、これら2種類のガンマ線です。）

半減期ってなに？

　放射性同位体が原子核崩壊をして、最初にあった数の半分になるまでの時間を半減期といいます。半分になったものがさらに半分（最初の4分の1）になるには、やはり半減期に等しい時間が必要です（図7）。つまり、半減期ごとに半分、半分になっていきます。計算するとわかりますが、半減期の10倍の時間がたつと最初の約1000分の1になります。

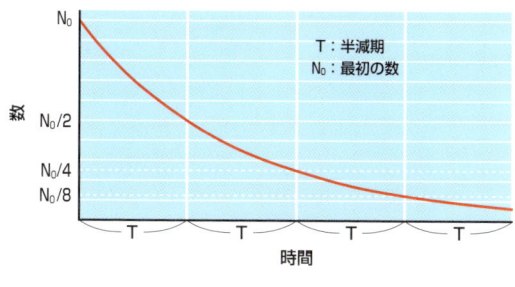

図7　半減期

放射性廃棄物の管理

原子炉の内部では、放射性同位体がたくさんできます。半減期の短いものはすぐに別の同位体になって数が急に減りますが、半減期の非常に長いものはなかなか減りません。一方、放射性同位体から出てくる放射線は、生物が浴びると健康を害したりDNAが傷つけられてがんになったりする確率が高くなります。このため、放射性廃棄物は国の責任で厳重に管理し、人が放射線を浴びることがないようにされています。

自然放射線ってなに？

私たちは、わずかですがつねに放射線を浴びています。そのような放射線を自然放射線といいます。自然放射線の原因は2つあります。1つは、大きなエネルギーをもって宇宙を飛びまわっているイオンやガンマ線です。これを一次宇宙線といいます（図8）。一次宇宙線が大気に突入すると窒素や酸素と原子核反応を起こして別の放射線（二次宇宙線）になって地表に達します。もう1つは地球を構成している元素にふくまれる放射性同位体です。その例としては、$^{40}_{19}K$、$^{238}_{92}U$、$^{232}_{90}Th$などがあります。自然界にあるカリウムの約0.012％が$^{40}_{19}K$です。私たちの体にも食物から取り入れた$^{40}_{19}K$がふくまれています。$^{40}_{19}K$の89％は、ベータ崩壊（$^{40}_{19}K \longrightarrow {}^{40}_{20}Ca + e^-$）をしてベータ線を出します。残りは電子捕獲といって核のまわりの電子を取りこみ、ガンマ線を放出し

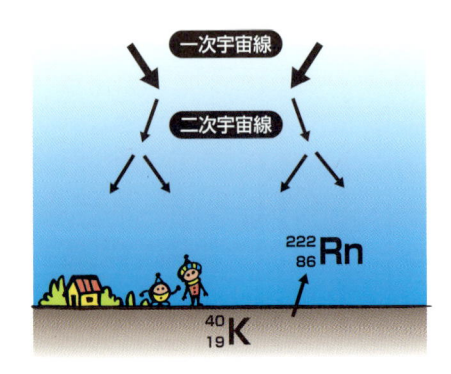

図8 宇宙線

て $^{40}_{18}$Ar になります。$^{238}_{92}$U や $^{232}_{90}$Th は岩石にふくまれますが、非常に半減期が長く、アルファ崩壊やベータ崩壊によって多くの放射性同位体を経由して、最後に鉛の安定同位体になります。これを壊変系列といいます。系列の途中に岩石から抜け出しやすいラドンの放射性同位体があり、それが大気中に出て自然放射線の原因になります。地上の生物たちは大昔に発生して以来、自然放射線の中で暮らしてきましたので、その程度の弱い放射線を浴びてもとくに害はありません。

放射性同位元素や放射線の利用

放射性同位体やその崩壊から出てくる放射線は、さまざまな用途にも使われています。たとえば、放射性同位元素である $^{14}_{6}$C（炭素14）は年代測定に使われます。炭素14の半減期は5730年ですが、上空の二次宇宙線である中性子と窒素が反応してつねに一定の割合でつくられているため、大気中の一酸化炭素中の炭素14の割合は大昔から変わっていないと考えられます。このため、光合成をしている植物にふくまれる炭素14の割合はいつの時代も同じですが、その植物が枯れると光合成が行われなくなるため、炭素14は半減期5730年で減少します。一方、最も多く存在する炭素12（ふつうの炭素）は安定同位体であるため、その量は変化しません。そこで、古代遺跡や古い地層から出てきた植物の一部の中の炭素14と炭素12の存在比を測定することにより、その植物が生きていた年代がわかります。

放射線のうちガンマ線は、がんの治療や植物の品種改良、殺菌などの用途に使われます（→149ページ参照）。また、ベータプラス線（陽電子）は、PET（陽電子放出断層撮影）でがんの診断に使われたり（図9）、物質内の原子が抜けた後の穴や、薄膜の細孔の解析に用いられます。

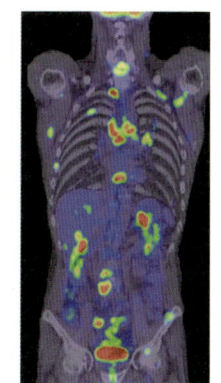

図9　全身PET/CT画像
（提供：千葉県がんセンター）

My First Science

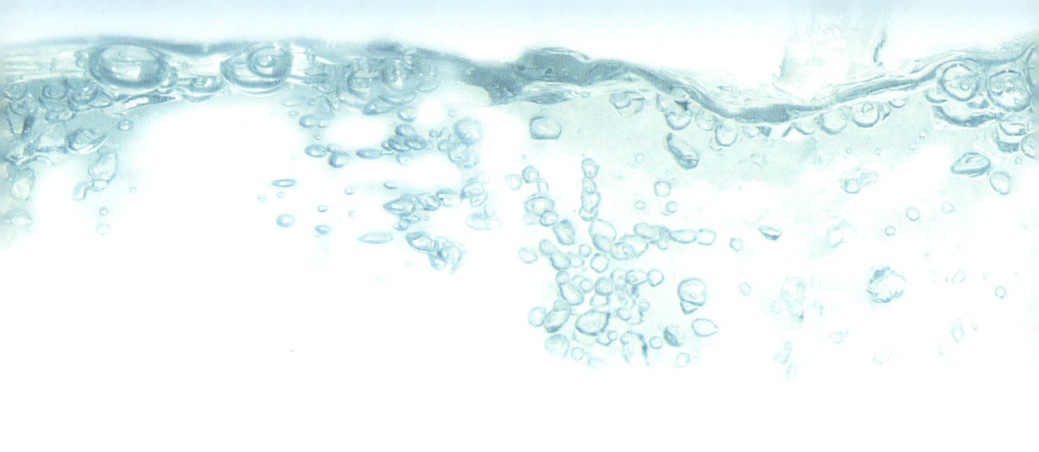

索引

あ

亜鉛（Zn） 40, 62
赤さび 41
アクリル棒 127
アセチレン 13
圧力 99
アミノ酸 34
アルカリ 2, 4, 52, 55
アルカリ性 2
アルキメデス 98
アルゴン 10, 18
アルファ線（α線） 159
　　──の散乱実験 79
アルマイト 19
アルミニウム（Al） 19, 40, 55, 140
アレニウス 4
安定同位体 159
アントシアニン 8, 9
アンペア［A］ 134
アンモニア（NH_3） 4, 55
アンモニア水（NH_3） 2, 40

い

硫黄（S） 40, 53
イオン 56〜61
　　──になりやすさ 62
　　──のでき方 58
　　──化傾向 64
　　──結合 60, 61
　　──結晶 30, 60, 61
位置エネルギー 105
　　重力による── 105
　　弾性力による── 105

一次宇宙線 162
一次電池 68
一酸化炭素 11
遺伝子 149
陰イオン 4, 59, 127

う

宇宙線 162
ウラン235 111
運動エネルギー 105
運動の法則 96
運動量 102

え

永久磁石 144
H2A18号機 102
液体 20, 21
液体窒素 18, 113, 131
エジソン 25
S極 140, 142
エタノール（C_2H_5OH） 40
エチルアルコール ⇨ エタノール
X線 146, 148, 149
X線CT 149
エナメル線 145
N極 140, 142
エネルギー 102, 105, 138
絵の具の三原色 153, 154
MO（メチルオレンジ） 7
塩 32, 52, 54
塩化亜鉛（$ZnCl_2$） 62
塩化アルミニウム（$AlCl_3$） 55
塩化アンモニウム（NH_4Cl） 55
塩化カルシウム（$CaCl_2$） 55

塩化銅（$CuCl_2$） 54
塩化銅（Ⅱ）二水和物（$CuCl_2 \cdot 2H_2O$） 41
塩化ナトリウム（NaCl） 30, 41, 52, 55, 58, 61
塩化ビニル棒 127
塩化物イオン（Cl^-） 30, 58, 59, 61
塩化マグネシウム（$MgCl_2$） 55, 60
塩　基　⇨ アルカリ
塩酸（HCl） 40, 52, 54, 62
炎色反応 36
遠赤外線 148, 149
塩　素（Cl_2） 12, 54

お

凹レンズ 156
オキシドール（過酸化水素） 41, 71
オキソニウムイオン 4
オシロスコープ 120
オゾン（O_3） 18
音 120～123
オーム［Ω］ 134
オームの法則 128, 134
重　さ 80
音　速 124, 125
温　度 108
温度計 116
音　波 120, 147

か

ガイガー 78
壊変系列 163
壊変率 159
化学式 50
化学電池 62, 64, 68

化学反応式 50, 52
化学変化 50
核分裂 111
かぐや 75
核融合 111
化　合 51, 53
化合物 51
過酸化水素（H_2O_2） 41, 55
カ氏温度（華氏温度） 109
可視光 146, 148, 149, 151, 153
可聴域 122
滑　車 88, 105
価電子 58
ガリレオ温度計 116
カルシウム（Ca） 19, 49
ガルバーニ 65
カロリー［cal］ 107, 110
が　ん 149
　　──の治療 163
岩　塩 41
還　元 51, 53
　　──剤 51
慣　性 99
慣性力 99
乾電池 68, 131, 134, 136
ガンマ線（γ線） 146, 148, 149, 160, 161

き

ギ　ア 91
希ガス 18, 58
気化熱 111, 112
気　体 10～13, 20, 21
基底状態 146, 161

起電力　134
凝固点　21
虚　像　157
キルヒホフの法則　136
キロメートル [km]　72
銀イオン (Ag$^+$)　64
銀　樹　63
金属元素　14, 17, 19

く

クエン酸　2, 8
屈　折　154, 155
グラム毎リットル [g/L]　26
グラム毎立方センチメートル [g/cm^3]　26
黒さび　41
クーロン [C]　126
クーロン力　⇨静電気力

け

係　数　53
ケイ素 (Si)　17, 19
月面のレーザー光反射装置　77
ケルビン [K]　109
原　子　16, 144, 158
　　――の大きさ　79
　　――の構造　56, 78
　　――番号　16, 159
　　――量　17
原子核　16, 56, 78, 127, 158
　　――崩壊　159
元　素　14, 16, 56
　　――周期表　14
顕微鏡　78

こ

コイル　144
高温超伝導体　131
光　源　151
光合成　51, 54, 153
格子欠陥　129
格子振動　129
硬　水　49
合成樹脂　34
鋼　鉄　142, 144
公転速度
　地球の――　85
　月の――　85
硬　度　49
　　――スペクトル　49
高分子　34
交流電源　131
交流発電機　131
氷　46
呼　吸　51, 54
黒　鉛　17, 19, 53
国際宇宙ステーション　95
国際度量衡委員会　96
極超短波　148
固　体　20, 21
コバルト60　161
コンコルド　125

さ

再結晶　32
酢酸 (CH$_3$COOH)　2, 41
殺　菌　163
サブミリ波　148

167

作用点　92
酸　2, 4, 52, 54, 62
酸　化　51, 53
酸化銀（Ⅰ）(Ag_2O）　41, 54
酸化剤　51
酸化鉄（Ⅱ, Ⅲ）⇨ 四酸化三鉄
酸化鉄（Ⅲ）(Fe_2O_3）　41
酸化銅（CuO）　53, 54
酸化物　51
酸化物イオン（O^{2-}）　5, 60
酸化マグネシウム（MgO）　53
酸化マンガン（Ⅳ）（MnO_2）　42
酸　欠　11
三重水素（^3_1H）　159
酸　性　2
酸性雨　3
酸素（O_2）　10, 18, 42, 53, 159
　　──欠乏症　10
　　──濃度　10

し

死　海　27
紫外線　146, 148, 149
仕　事　104, 105
　　──の原理　92
　　──率　106
四酸化三鉄（Fe_3O_4）　42
指示薬　7, 8, 44
磁　石　140
磁　針　143
視神経　150, 152
自然放射線　162
実　像　157
質　量　80〜83
　　──の基準　80

　　象の──　82
　　地球の──　82
　　電子の──　83
質量数　17, 158
質量保存の法則　50
磁鉄鉱　42
支　点　92
磁　場　132, 133, 142
車両重量計　81
周期表　14
周期律　17
重合体（ポリマー）　35
重水素（^2_1H）　159
臭素（Br_2）　19
重曹（炭酸水素ナトリウム）　58
自由電子　128, 130
周波数　132
重　力　83, 95
ジュール熱　107, 139
ジュールの実験　106
準天頂衛星「みちびき」　102
昇　華　113
蒸気圧　22, 48
　　──曲線　48
衝撃波　125
硝酸（HNO_3）　42
硝酸カリウム（KNO_3）　31, 45
状態変化　20, 50
焦　点
　　凸レンズの──　156
　　凹レンズの──　156
焦点距離　156
蒸　発　21, 48
食　塩　41
触　媒　55, 69
植物の品種改良　149, 163

白川英樹博士　39
シリコン（Si）　17
磁　力　97
しんかい6500　121, 122
真空放電　133
振動数　147

す

水銀（Hg）　19, 42
水酸化カルシウム（Ca(OH)$_2$）　31, 42, 55
水酸化ナトリウム（NaOH）　43, 54, 55
　　──水溶液　2
水酸化物イオン（OH$^-$）　4, 52
水蒸気　46
水晶体　150
水素（H$_2$）　13, 18, 54, 55, 159
水素イオン（H$^+$）　4, 5, 52
　　──指数　6
　　──濃度　5, 6
水素結合　46, 47
錘体細胞　152, 153
垂直抗力　98
スピードガン　85
スペースシャトル　75, 80, 101
　　──の飛行高度　74

せ

正　極　65
静電気　127
静電気力（クーロン力）　61, 97, 128
正反射　154
生分解性プラスチック　38
赤外線　146, 148, 149
析　出　32

セ氏温度（摂氏温度）　108
絶縁体　139
赤血球　11
絶対温度　109
　　──目盛り　110
絶対零度　109, 129
セルシウス（Celsius）　108
センチ波　148
センチメートル［cm］　72
全反射　155

そ

倉舒称象　82
族　14, 17
素　子　134
組成式　61

た

ダイオキシン　37
大カロリー［Cal］　110
大気圧　48, 99
大気組成　10
ダイヤモンド　53
ダニエル　67
　　──電池　67
タングステン　25, 139
炭酸カルシウム（CaCO$_3$）　43, 49, 55
炭酸水素ナトリウム（NaHCO$_3$）　43, 54, 58
炭酸ナトリウム（Na$_2$CO$_3$）　54
弾性エネルギー　⇨位置エネルギー
弾性力　98
炭素（C）　17, 19, 53
単　体　18

169

断熱性紙容器　117
断熱膨張　113
短　波　148
タンパク質　34
単量体（モノマー）　35

ち

力　94〜102
　　——のモーメント　91
地　球
　　——から月までの距離　74, 75
　　——の半径　74
蓄電池　68
窒　素　10, 18
　　——酸化物　11, 13
中　性　2
中性子　16, 56, 126, 158
中　波　148
中　和　52, 55
　　——熱　111
超音波　123, 124
超短波　148
超伝導　130, 131, 139
長　波　148
張　力　98
直　進　154
直流回路　136
直流電源　131, 134
直列つなぎ　136

つ

月探査衛星「かぐや」　75
強い相互作用による力　97

て

DNA　149
　　——の破壊　162
定滑車　88, 89
抵　抗　128, 134, 136, 139
　　——の原因　129
　　——の性質　130
　　——率　130
て　こ　92
　　——の原理　92
鉄（Fe）　43, 53, 140
電　圧　136
電　荷　83, 126, 128
電解質　58
電　気　126〜133, 138
　　——回路　134
　　——自動車　68, 71
電気抵抗　⇨抵抗
電気分解　52, 54
電　極　64
電　源　131, 134, 136
　　——電圧　134, 135
電　子　16, 56, 83, 126, 128, 131, 132, 158
　　——殻　56, 57
　　——顕微鏡　78
電磁石　143
電磁波　146, 148, 151
電子配置　57
電子レンジ　148
電　池　62
　　——の歴史　65
天然樹脂　34, 36
電　波　122, 146, 148

電　場　146
デンプン　34, 43
電　離　4, 30, 58
電　流　65, 128, 131, 132, 134, 136, 143
電　力　106, 138

と

銅（Cu）　43, 53, 54
銅イオン（Cu^{2+}）　64
動滑車　89
同位体　158
同素体　53
導電性高分子　39
動物電気説　66
凸レンズ　156
ドライアイス　43, 113

な

長　さ　72
ナトリウムイオン（Na^+）　30, 58, 59
鉛蓄電池　67, 68
南　極　143
軟　水　49
軟　鉄　142, 144

に

ニュートン　83, 96
ニュートン［N］　81, 96
二酸化硫黄　13
二酸化炭素（CO_2）　10, 43, 53, 54
二酸化マンガン　⇨　酸化マンガン（Ⅳ）
二次宇宙線　162

二次電池　68
ニッケル・カドミウム蓄電池　68

ね

ネオンサイン　18, 133
熱　109, 139
　――運動　21, 109
　――エネルギー　107
　――伝導率　117, 119
　――分解　54
　――膨張　115
燃　焼　51, 53
　――熱　110
燃料電池　18, 69, 70

の

ノーベル化学賞　39

は

媒　質　155
白色光　153
白熱電球　25, 139
爆発範囲　13
パスカル［Pa］　99
波　長　147, 151
バッテリー　68
発　電　132
ばねばかり　95
速　さ　84～87
　音の――　86
　光の――　86
馬　力　106
半減期　161

171

反　射　154
半導体　17, 19, 130
万有引力　83, 97

ひ

pH　2, 5, 6
　　──メーター　7
光　146, 150, 151
　　──の三原色　152, 153
　　──ファイバー　156
非金属元素　14, 17
BTB（ブロモチモールブルー）　7
　　──溶液　44
非電解質　58
比　熱　118
PP（フェノールフタレイン）　7

ふ

ファーレンハイト（華倫海特）　109
フィゾー　86
　　──の実験　87
フェノールフタレイン（PP）　7
　　──溶液　45
不完全燃焼　11
負　極　65
浮沈子　116
物質の三態　20
物質量[mol]　6
沸　点　23, 24, 48, 108
沸　騰　22, 48
物理電池　62
ブドウ糖　34, 43, 54
プラスチック　34〜39
　　──判別マーク　37

プランテ　68
浮　力　98
プロパン　27
ブロモチモールブルー（BTB）　7
分　解　52, 54
分　子　127
分析用電子天びん　81

へ

並列つなぎ　137
ベータ線（β線）　159, 160
ベータプラス崩壊　160
ベータ崩壊　159, 160
ペットボトルロケット　104
PET（陽電子放出断層撮影）　163
ベネジクト液　44
ヘモグロビン　11, 12
ヘリウム（He）　18, 24, 56, 159
ヘルツ[Hz]　123, 132, 148
べんがら　41
変色域　7

ほ

方位磁針　141
ホウ酸（H_3BO_3）　44
放射性同位体　159
放射性廃棄物　162
放射性物質　159
放射線　158〜163
放射能　159
放　電　133
飽和溶液　31
ポリアセチレン　39
ポリエチレン　35, 117

ポリ塩化ビニル　35, 36
ポリ酢酸ビニル　35, 36
ポリスチレン　35, 36
ボルタ　66
　　──電堆　66, 67
　　──電池　67
ボルト［V］　67, 134

ま

マイクロメーター　77
マイクロメートル［μm］　78
マグネシウム（Mg）　44, 49, 53, 55
マグネシウムイオン（Mg^{2+}）　61
摩擦電気（静電気）　127
摩擦力　98
マースデン　78
まぜるな危険　12
マッハ　125
マンガン乾電池　68

み

水　46〜49
　　──の性質　46
　　──の沸点　48
　　──の密度　46, 47
みちびき　102
密　度　26〜29, 46
ミョウバン　44, 58
ミリカンの油滴実験　83
ミリ波　148
ミリメートル［mm］　72

む

虫眼鏡　157
ムラサキキャベツ　8, 9

め

メタノール（CH$_3$OH）　44
メタン　28
メチルアルコール　⇨ メタノール
メチルオレンジ（MO）　7
メートル［m］　72
メンデレーエフ　16

も

網　膜　149〜152
モーター　144
モル［mol］　6

や

屋井先蔵　68

ゆ

融　解　21
有機溶媒　13
有人潜水探査船「しんかい6500」　121, 122
融　点　21, 23, 108
有毒ガス　12
湯たんぽ　118

173

よ

陽イオン　4, 59, 62, 127
溶　液　30
溶　解　30
溶解度　30, 31, 33
　　──気体の　33
　　──固体の　31
　　──曲線　31, 32
溶解熱　111
溶鉱炉　24
陽　子　16, 56, 126, 158
溶　質　30
ヨウ素（I_2）　19, 44
　　──デンプン反応　19
陽電子　160
溶　媒　30
葉緑体　51, 153
弱い相互作用による力　97

ら

ライデン瓶　65
ラザフォード　78
ラドン　163
乱反射　151, 153, 154

り

力　積　102
力　点　92
リサイクル　37
リチウムイオン電池　68

リトマス　44
　　──ゴケ　7, 8, 44
　　──試験紙　7, 44
リニアモーターカー　131
硫化水素　13
硫化物イオン（S^{2-}）　60
硫酸（H_2SO_4）　2, 45
硫化鉄　53
硫酸銅（Ⅱ）　31
硫酸銅（Ⅱ）五水和物（$CuSO_4\cdot 5H_2O$）　31, 45
量子力学　131
輪　軸　91

る

ルクランシェ　68
　　──電池　68

れ

励起状態　160
冷蔵庫　112
レントゲン　149

ろ

ロングレール　115

わ

若田光一宇宙飛行士　95, 96
ワット [W]　106, 138

自然科学研究機構　国立天文台
http://www.nao.ac.jp/

理科年表オフィシャルサイト
http://www.rikanenpyo.jp/

理科年表のご意見・ご要望はこちらにお寄せください．
http://www.rikanenpyo.jp/sitsumonbako/about.html

理科年表シリーズ
マイ ファースト サイエンス　よくわかる身のまわりの現象・物質の不思議
平成 23 年 2 月 28 日　発　行

編纂者　　自然科学研究機構　国立天文台
　　　　　　代表者 台長　観 山 正 見

発行者　　吉　田　明　彦

発行所　　丸善出版株式会社

〒140-0002 東京都品川区東品川四丁目13番14号
編集・電話 (03) 6367-6107／FAX (03) 6367-6156
営業・電話 (03) 6367-6038／FAX (03) 6367-6158
http://pub.maruzen.co.jp/

Ⓒ National Astronomical Observatory of Japan, 2011

イラスト・レイアウト 斉藤綾一
組版印刷・有限会社 悠朋舎／製本・株式会社 星共社

ISBN 978-4-621-08149-5　C 0040　　　　Printed in Japan

本書の無断複写は著作権法上での例外を除き禁じられています．